微积分及其应用导学

（上册）

主　编　徐苏焦　潘　军
副主编　冉素真　贵竹青

ZHEJIANG UNIVERSITY PRESS
浙江大学出版社

图书在版编目(CIP)数据

微积分及其应用导学. 上册 / 徐苏焦, 潘军主编.
—杭州: 浙江大学出版社, 2017.8(2020.7 重印)
ISBN 978-7-308-17308-7

Ⅰ. ①微… Ⅱ. ①徐… ②潘… Ⅲ. ①微积分－高等
学校－教学参考资料 Ⅳ. ①O172

中国版本图书馆 CIP 数据核字 (2017) 第 201720 号

微积分及其应用导学(上册)

主　编　徐苏焦　潘　军
副主编　冉素真　贵竹青

责任编辑　王元新
责任校对　王　波
封面设计　续设计
出版发行　浙江大学出版社
　　　　　(杭州市天目山路 148 号　邮政编码 310007)
　　　　　(网址:http://www.zjupress.com)
排　　版　杭州中大图文设计有限公司
印　　刷　浙江省邮电印刷股份有限公司
开　　本　787mm×1092mm　1/16
印　　张　10
字　　数　225 千
版 印 次　2017 年 8 月第 1 版　2020 年 7 月第 3 次印刷
书　　号　ISBN 978-7-308-17308-7
定　　价　28.00 元

前　　言

进入 21 世纪后，世界各国的高等教育界逐渐形成了一种新的认识，即培养大学生实践能力和创新能力是提高大学生社会职业素养和就业竞争力的重要途径．"应用型本科"是对新型的本科教育和新层次的高职教育相结合的教育模式的探索，是新一轮高等教育发展的历史性选择．应用型本科需要以应用型为办学定位，其发展同时也需要其他各方面协同发展，这当然也包括应用型本科教材这个相当重要的环节．

"微积分"作为应用型本科院校各相关专业学生必修的一门重要的公共基础课程，不仅肩负着为其他后继课程提供强大的运算工具和逻辑基础的职能，还主要承担着培养学生的逻辑推理、抽象思维、分析和解决问题能力的重任，在高素质应用型人才的培养过程中具有不可替代的作用．目前，国内面向本科生的微积分教材种类繁多，但专门面向应用型本科院校的微积分教材为数尚少．事实上，许多应用型本科院校仍在使用国内流行的普通高校的微积分教材，这也为我们加快应用型本科配套教材的建设提供了天然的动力．本书正是在为了适应新形势发展，夯实应用型本科院校课程教学质量与改革工程的背景下编写的．

浙江海洋大学东海科学技术学院十分重视微积分教材的编写工作，对教材的编写提出了"厚基础、宽应用、分层次"的指导性要求，2014 年开始组织潘军、徐苏焦、冉素真、贵竹青等教师编写《微积分及其应用教程》和《微积分及其应用导学》，这两本教材在学院内试用一年后，现由浙江大学出版社正式出版．

这两本教材的主要特点是以为经济社会发展培养具有较强的实践能力和创新能力的应用型高级人才服务为宗旨，内容设计注重强化知识基础、降低理论难度、体现分层次教学优化模式、面向学科应用的特点．内容体系设计有弹性，它将微积分相对直观的核心内容安排在本科第一学年进行学习，而将难度相对较大、相对较复杂的选学部分（打"＊"的内容）放在本科第二学年，通过开展"通识选修课"的形式让学生选学．实践证明，这种分层次教学改革比较适合应用型本科院校的学生求学特点，师生反映良好．

《微积分及其应用导学》分上、下两册，本书为上册，主要内容包括函数、极限与连续、一元函数微分学、一元函数积分学、常微分方程初步．全书由徐苏焦、潘军主编，冉素真、贵竹青等教师参与了部分编写工作．

借本书出版之机，向关心与支持本书的广大师生与读者表示衷心的感谢！由于水平有限，书中不妥或者错误之处在所难免，恳请广大专家、师生和读者批评指正．

编　者
2017 年 5 月于舟山

目　　录

第1章 一元函数、极限与连续

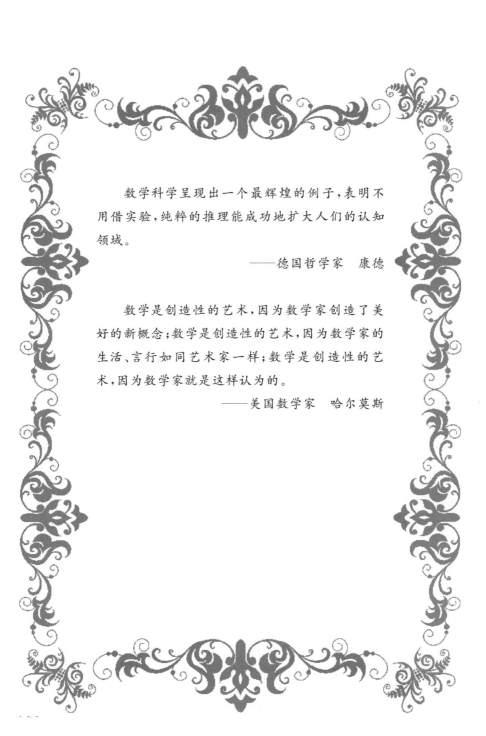

数学科学呈现出一个最辉煌的例子,表明不用借实验,纯粹的推理能成功地扩大人们的认知领域。

——德国哲学家 康德

数学是创造性的艺术,因为数学家创造了美好的新概念;数学是创造性的艺术,因为数学家的生活、言行如同艺术家一样;数学是创造性的艺术,因为数学家就是这样认为的。

——美国数学家 哈尔莫斯

 **学习导引**

在现实世界中,一切事物都在一定的空间里运动变化着.17世纪初,数学首先从对运动(如天文、航海等问题)的研究中引出了函数概念,从此以后函数概念几乎在所有的科学研究中占据了中心位置.极限思想的产生源于求某些实际问题的精确解,例如,数学家刘徽利用圆内接正多边形来推算圆面积的方法——割圆术;古希腊人用来求某些不规则几何图形的面积和体积的方法——穷竭法,都蕴含了深刻的极限思想,而极限思想的进一步发展与微积分的建立紧密相连,因此微积分中的许多概念都与极限有关.连续函数不仅是微积分的研究对象,而且微积分中的主要概念、定理与法则往往要求函数具有连续性.

进一步掌握函数的基本内容,了解各种极限的严格定义,熟练准确地运用极限运算法则与重要极限公式计算各类极限,求函数的间断点并判断其类型以及闭区间上连续函数性质的简单应用将是本章学习的基本目标.

1.1 函 数

1.1.1 关于函数特性的几点说明

1.关于函数的奇偶性

对于函数的奇偶性,在微积分及其应用教程1.1中给出了它们的几何意义:在平面直角坐标系中,偶函数 $y=f(x)$ 的图像关于 y 轴对称,奇函数 $y=f(x)$ 的图像关于原点对称.现证明如下:

设点 $P(x,f(x))$ 是偶函数 $y=f(x)$ 的图像上任意一点,由于 $f(-x)=f(x)$,因此点 $P(x,f(x))$ 关于 y 轴的对称点为 $P'(-x,f(x))$,即 $P'(-x,f(-x))$,所以 P' 在 $y=f(x)$ 的图像上,即偶函数 $y=f(x)$ 的图像关于 y 轴对称(见图1-1).同理可以证明奇函数 $y=f(x)$ 的图像关于原点对称(见图1-2).

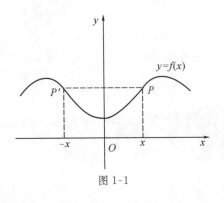

图 1-1

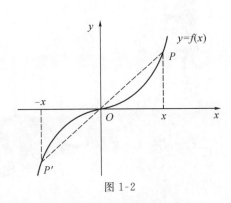

图 1-2

2.关于函数的单调性

在中学数学中,我们主要是利用函数单调性的定义去判断函数的单调性,这就需要我们有较强的不等式变形能力,要求的技巧性较强.在今后的学习中,我们将利用微分中值定理给出判断函数单调性的简单方法,而这个简单的方法从几何上看,就是关于单调函数图像的如下事实:

已知函数 $y=f(x)$ 在区间 I 上的任意一点都存在切线的斜率,如果这些切线的斜率都大于(小于)零,则函数 $y=f(x)$ 在区间 I 上严格单调增加(减少).

读者可以通过作函数 $y=f(x)$ 的图像加以验证.

3.关于函数的周期性

在微积分及其应用教程1.1中我们指出,若 l 为 f 的一个周期,则 $nl(n\in\mathbf{Z},n\neq0)$ 也是 f 的一个周期,这是因为:

$$f(x+nl)=f[x+(n-1)l+l]=f[x+(n-1)l]=\cdots=f(x+l)=f(x).$$

因此,周期函数的一切周期所组成的数集一定是一个无上、下界的无穷数集.按照周期函数的定义,x 和 $x+nl$ 都在 $f(x)$ 的定义域内,所以周期函数的定义域也一定是一个无上、下界的无穷数集.但是,周期函数的定义域不一定就是 $\mathbf{R}$,例如周期函数 $y=\tan x$ 的定义域为 $\{x\,|\,x\neq k\pi+\dfrac{\pi}{2},k\in\mathbf{Z}\}$.

有些周期函数的最小正周期是不存在的,例如常值函数 $f(x)=C(C$ 为常数$)$ 是周期函数,任何一个非零实数都是它的周期,但由于不存在最小的正实数,因此它没有最小的正周期.

4.关于函数的有界性

关于函数 $y=f(x)$ 的有界性也可以如下定义:

设函数 $y=f(x)$ 是定义在 X 上的函数,若存在实数 M_1 和 M_2 使得对任意 $x\in X$,都有 $M_1\leqslant f(x)\leqslant M_2$,则称 $y=f(x)$ 为 X 上的有界函数.M_1 和 M_2 分别称为 $y=f(x)$ 的一个下(上)界.

容易证明,上述关于函数 $y=f(x)$ 有界性的定义与微积分及其应用教程1.1中的定义1.4是等价的.

事实上,由 $|f(x)|\leqslant M$ 可得 $-M\leqslant f(x)\leqslant M$,若取 $M_1=-M,M_2=M$,则上述不等式即为 $M_1\leqslant f(x)\leqslant M_2$;反之,在 $M_1\leqslant f(x)\leqslant M_2$ 中,若令 $M=\max\{|M_1|,|M_2|\}$,则可得 $-M\leqslant f(x)\leqslant M$,即 $|f(x)|\leqslant M$.

显然,有界函数的上界和下界都不是唯一的;函数在某数集上有界的充要条件是它在该数集上既有上界又有下界.

1.1.2　关于幂函数某些性质的讨论

对于幂函数 $y=x^\mu(\mu$ 为常数$)$,由于 μ 取值的不同,其图像与性质都有显著的不同,所以下面对 μ 的取值进行分类讨论.

(1)如果 $\mu=0$,此时幂函数为 $y=x^0$,根据零指数的意义,可得此时幂函数的定义域为 $(-\infty,0)\bigcup(0,+\infty)$,值域为$\{1\}$.

(2)如果 μ 是正有理数,即 $\mu=\dfrac{p}{q}$ (p,q 是互质的正整数).

①当 p,q 都为奇数时,幂函数 $y=x^{\frac{p}{q}}$ 的定义域和值域都为 **R**,是奇函数;当 p 是偶数、q 是奇数时,幂函数 $y=x^{\frac{p}{q}}$ 的定义域和值域分别为 **R** 和$[0,+\infty)$,是偶函数.

②当 p 是奇数、q 是偶数时,幂函数 $y=x^{\frac{p}{q}}$ 的定义域和值域都为$[0,+\infty)$.

(3)如果 μ 是负有理数,即 $\mu=-\dfrac{p}{q}$ (p,q 是互质的正整数).

③当 p,q 都为奇数时,幂函数 $y=x^{-\frac{p}{q}}$ 的定义域和值域都为$(-\infty,0)\bigcup(0,+\infty)$,是奇函数;当 p 是偶数、q 是奇数时,幂函数 $y=x^{-\frac{p}{q}}$ 的定义域和值域分别为$(-\infty,0)\bigcup(0,+\infty)$ 和$(0,+\infty)$,是偶函数.

④p 是奇数、q 是偶数时,幂函数 $y=x^{-\frac{p}{q}}$ 的定义域和值域都为$(0,+\infty)$.

(4)如果 μ 是无理数,则 $x^{\mu}=\mathrm{e}^{\ln x^{\mu}}=\mathrm{e}^{\mu\ln x}$,所以此时幂函数 $y=x^{\mu}$ 就定义为指数函数 $y=\mathrm{e}^{u}$ 和对数函数 $u=\mu\ln x$ 的复合函数,因此幂函数 $y=x^{\mu}$ 的定义域和值域都为$(0,+\infty)$.

1.1.3 双曲函数的图像和性质

双曲正弦函数 $y=\mathrm{sh}x=\dfrac{\mathrm{e}^x-\mathrm{e}^{-x}}{2}$ 的定义域和值域都为 **R**,是奇函数,在 **R** 上严格单调增加;双曲余弦函数 $y=\mathrm{ch}x=\dfrac{\mathrm{e}^x+\mathrm{e}^{-x}}{2}$ 的定义域和值域分别为 **R** 和$[1,+\infty)$(因为$\dfrac{\mathrm{e}^x+\mathrm{e}^{-x}}{2}\geqslant$ $\sqrt{\mathrm{e}^x\cdot\mathrm{e}^{-x}}=1$,且当 $x=0$ 时取等号),是偶函数;在$(-\infty,0]$上严格单调减少,在$[0,+\infty)$上严格单调增加;双曲正切函数 $y=\mathrm{th}x=\dfrac{\mathrm{e}^x-\mathrm{e}^{-x}}{\mathrm{e}^x+\mathrm{e}^{-x}}$ 的定义域和值域分别为 **R** 和$(-1,1)$(因为由 $y=\dfrac{\mathrm{e}^x-\mathrm{e}^{-x}}{\mathrm{e}^x+\mathrm{e}^{-x}}$ 可解得 $x=\dfrac{1}{2}\ln\dfrac{1+y}{1-y}$,于是$\dfrac{1+y}{1-y}>0\Leftrightarrow-1<y<1$),是奇函数,在 **R** 上严格单调增加.它们的函数图像依次如图 1-3 和图 1-4 所示.

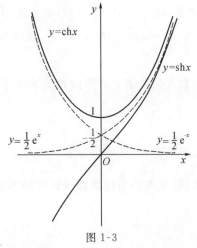

图 1-3

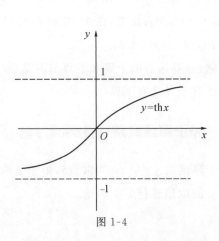

图 1-4

1.1.4　与函数内容相关的几个典型例题

为了更好地理解和掌握函数的相关内容,我们再举几个典型的例题,作为对微积分及其应用教程的补充.

例 1.1　证明函数 $f(x)=x\cos x$ 在其定义域内无界.

证明　已知函数的定义域为 $\mathbf{R}$,对任意给定的 $M>0$,一定存在 $k\in\mathbf{Z}^+$,使得 $k>\dfrac{M}{2\pi}$,即存在 $x=2k\pi\in\mathbf{R}$,使得

$$f(x)=f(2k\pi)=2k\pi\cos 2k\pi=2k\pi>M,$$

所以已知函数在其定义域内无界.

例 1.2　求函数 $y=\sin x$ 的单调区间,并在每个单调区间内求它的反函数.

解　函数在 $\left[2k\pi-\dfrac{\pi}{2},2k\pi+\dfrac{\pi}{2}\right]$ 上单调增加,在 $\left[2k\pi+\dfrac{\pi}{2},2k\pi+\dfrac{3\pi}{2}\right]$ 上单调减少,其中 $k\in\mathbf{Z}$.

当 $x\in\left[2k\pi-\dfrac{\pi}{2},2k\pi+\dfrac{\pi}{2}\right]$ 时,即 $-\dfrac{\pi}{2}\leqslant 2k\pi-x\leqslant\dfrac{\pi}{2}$,于是

$$y=\sin x=-\sin(-x)=-\sin(2k\pi-x)\Rightarrow\sin(2k\pi-x)=-y,$$

所以

$$2k\pi-x=\arcsin(-y)=-\arcsin y\Rightarrow x=2k\pi+\arcsin y,$$

因此所求反函数为

$$y=2k\pi+\arcsin x(k\in\mathbf{Z}).$$

当 $x\in\left[2k\pi+\dfrac{\pi}{2},2k\pi+\dfrac{3\pi}{2}\right]$ 时,即 $-\dfrac{\pi}{2}\leqslant 2k\pi+\pi-x\leqslant\dfrac{\pi}{2}$,于是

$$y=\sin x=\sin(\pi-x)=\sin(2k\pi+\pi-x),$$

所以

$$2k\pi+\pi-x=\arcsin y\Rightarrow x=2k\pi+\pi-\arcsin y,$$

因此所求反函数为

$$y=2k\pi+\pi-\arcsin x(k\in\mathbf{Z}).$$

例 1.3　将函数 $y=\text{sgn}(\sin x)$ 写成分段函数的形式,并判断它是否具有奇偶性和周期性.

解　当 $\sin x>0$ 时,即当 $x\in(2k\pi,2k\pi+\pi)(k\in\mathbf{Z})$ 时,$y=1$;当 $\sin x<0$ 时,即当 $x\in(2k\pi-\pi,2k\pi)(k\in\mathbf{Z})$ 时,$y=-1$;当 $\sin x=0$ 时,即当 $x=k\pi(k\in\mathbf{Z})$ 时,$y=0$. 因此

$$y=\begin{cases}1, & x\in(2k\pi,2k\pi+\pi),\\ 0, & x=k\pi, \qquad\qquad (k\in\mathbf{Z}).\\ -1, & x\in(2k\pi-\pi,2k\pi),\end{cases}$$

作出此函数的图像(见图 1-5)。由函数图像可知,函数 $y=\mathrm{sgn}(\sin x)$ 是奇函数,且是周期为 2π 的周期函数.

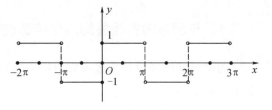

图 1-5

✏ 常规训练 1.1

1. 选择题

(1) 函数 $y=\dfrac{\arcsin x}{\ln(x+1)}$ 的定义域为( ).

A. $[-1,1]$

B. $[-1,0)\bigcup(0,1]$

C. $(-1,1]$

D. $(-1,0)\bigcup(0,1]$

(2) 已知函数 $f(x)=\sqrt{x^2-1}$ 与 $g(x)=\sqrt{-x+1}\cdot\sqrt{-x-1}$ 表示同一个函数,则自变量 x 的取值范围是( ).

A. $[-1,1]$

B. $(-\infty,-1]\bigcup[1,+\infty)$

C. $(-\infty,-1]$

D. $[1,+\infty)$

(3) 下列说法错误的是( ).

A. 函数 $y=\dfrac{e^x-e^{-x}}{e^x+e^{-x}}$ 在其定义域内是有界函数

B. 取整函数 $y=[x]$($[x]$ 表示不超过 x 的最大整数)是周期函数

C. 已知 $f(x)$ 的定义域关于原点对称,则函数 $y=f(x)-f(-x)$ 是奇函数

D. 函数 $y=f(x)$ 与 $y=f^{-1}(x)$ 的图像关于直线 $y=x$ 对称

2. 填空题

(1) 已知 $f(x+2)=x^2+6x$,则 $f(x)=$ _____.

(2) 已知 $x\leqslant 0$,则函数 $y=x^2$ 的反函数是 _____.

(3) 设 $f(x)=\begin{cases}-x, & |x|\leqslant 1, \\ \dfrac{1}{x}, & |x|>1,\end{cases}$ 则 $f(f(-2))=$ _____.

3. 解答题

(1) 求下列函数的定义域:

① $y=\dfrac{1}{\sin x}$;

② $y=\dfrac{\arccos(x-2)}{\sqrt{x^2-1}}$.

(2) 求下列函数的反函数：

① $y=-\ln(x+1)$；

② $y=\cos x(\pi\leqslant x\leqslant 2\pi)$.

(3) 设置中间变量，将下列函数分解成简单函数的复合：

① $y=\arcsin(\cos \mathrm{e}^{x})$；

② $y=\sqrt{\ln\cos(1-x^{2})}$.

(4) 证明下列函数在其定义域内是有界函数：

① $y=\text{arccot } x$；

② $y=\dfrac{x^{2}}{1+x^{2}}$.

(5) 作出函数 $y=\begin{cases}\sqrt{1-x^{2}}, & |x|\leqslant 1,\\ x^{2}-1, & x|>1\end{cases}$ 的图像，并利用图像研究此函数的奇偶性、单调性和有界性.

常规训练 1.1 详解

1.2　数列极限的概念和性质

1.2.1　数列极限严格定义的几何意义

利用邻域的概念，数列极限的定义还可以叙述为：

$$\lim_{n\to\infty}x_{n}=a\Leftrightarrow \forall U(a,\varepsilon),\exists N\in \mathbf{Z}^{+},当 n>N 时，总有 x_{n}\in U(a,\varepsilon).$$

即从数列 $\{x_n\}$ 的第 N 项以后的所有项 $x_{N+1},x_{N+2},\cdots$ 全部落在邻域 $U(a,\varepsilon)$ 内,或者说数列 $\{x_n\}$ 在邻域 $U(a,\varepsilon)$ 外的点最多只有 N 个,如图 1-6 所示.

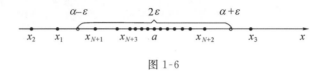

图 1-6

1.2.2　数列与子数列的收敛性关系

任取数列 $\{x_n\}$ 中的无穷多项按原有顺序所构成的新数列称为数列 $\{x_n\}$ 的子数列,简称子列.如果在数列 $\{x_n\}$ 中依次取 $x_{n_1},x_{n_2},\cdots,x_{n_k},\cdots$,其中 $n_1<n_2<\cdots<n_k<\cdots$,便得到数列 $\{x_n\}$ 的一个子数列:

$$x_{n_1},x_{n_2},\cdots,x_{n_k},\cdots,$$

子数列简记为 $\{x_{n_k}\}$,这里 x_{n_k} 是原数列的第 n_k 项,是子数列的第 k 项,由子数列的定义可知,$n_k \geqslant k$,且一个数列的子数列有无限多个.从数列与它子数列的收敛性关系,有下列结论:

数列 $\{x_n\}$ 收敛的充要条件是它的任一子数列都收敛,且有相同的极限.

由于 $\{x_n\}$ 本身也是一个子数列,所以条件的充分性是显然的,下面证明必然性.

设 $\lim\limits_{n\to\infty}x_n=a$,$\{x_{n_k}\}$ 是 $\{x_n\}$ 的任一子数列.$\forall \varepsilon>0$,$\exists N\in \mathbf{Z}^+$,当 $n>N$ 时,都有 $|x_n-a|<\varepsilon$,取 $K=N$,则当 $k>K$ 时,由于 $n_k>n_K>K=N$,所以,都有 $|x_{n_k}-a|<\varepsilon$,所以 $\lim\limits_{k\to\infty}x_{n_k}=a$.

1.2.3　用数列极限的严格定义证明 $\lim\limits_{n\to\infty}x_n=a$

在微积分及其应用教程 1.1 中,我们给出了数列极限的严格定义,它并不能用来求数列的极限,但可以论证数列 $\{x_n\}$ 的极限为 a,称为 $\varepsilon-N$ 论证法,其证明的一般步骤为:

第一步,任意给定 $\varepsilon>0$;

第二步,由 $|x_n-a|<\varepsilon$ 进行分析倒推,推出 $n>n(\varepsilon)$;

第三步,取 $N=[n(\varepsilon)]$,再用 $\varepsilon-N$ 语言顺述结论.

在上述步骤中,最关键的是第二步,当要论证的极限结论比较简单时,可以通过直接解 $|x_n-a|<\varepsilon$ 得到 $n>n(\varepsilon)$.在多数情形中,不等式 $|x_n-a|<\varepsilon$ 的求解比较困难.由于极限定义中的 N 并不唯一,并且只强调 N 的存在性,因此可将 $|x_n-a|$ 适当地放大为 $g(n)$,当 $n>N$ 时,能够使 $g(n)<\varepsilon$ 成立,也即能够使 $|x_n-a|<\varepsilon$ 成立.这样就可以通过解 $g(n)<\varepsilon$ 得到 $n>n(\varepsilon)$.

例 1.4　证明 $\lim\limits_{n\to\infty}\dfrac{2n^2-1}{n^2+1}=2$.

证明　$\forall \varepsilon>0$,因 $\left|\dfrac{2n^2-1}{n^2+1}-2\right|=\dfrac{3}{n^2+1}<\dfrac{3}{n}$,所以要使 $\left|\dfrac{2n^2-1}{n^2+1}-2\right|<\varepsilon$,只要 $\dfrac{3}{n}<\varepsilon$,解

得 $n>\dfrac{3}{\varepsilon}$. 取 $N=\left[\dfrac{3}{\varepsilon}\right]$，则当 $n>N$ 时，就有 $\left|\dfrac{2n^2-1}{n^2+1}-2\right|<\varepsilon$，于是 $\lim\limits_{n\to\infty}\dfrac{2n^2-1}{n^2+1}=2$.

例 1.5　证明 $\lim\limits_{n\to\infty}\sqrt[n]{n}=1$.

证明　令 $\sqrt[n]{n}-1=\alpha_n$，则 $\alpha_n\geqslant0$，且当 $n\geqslant2$ 时，利用二项式定理得

$$n=(1+\alpha_n)^n=1+n\alpha_n+\frac{n(n-1)}{2!}\alpha_n^2+\cdots+\alpha_n^n>\frac{n(n-1)}{2}\alpha_n^2,$$

从而有 $0\leqslant\alpha_n<\sqrt{\dfrac{2}{n-1}}$，因此 $\forall\varepsilon>0$，从 $|\sqrt[n]{n}-1|=\alpha_n<\sqrt{\dfrac{2}{n-1}}<\varepsilon$ 解得 $n>\dfrac{2}{\varepsilon^2}+1$，所以可取

$N=\max\left\{2,\left[\dfrac{2}{\varepsilon^2}+1\right]\right\}$，则当 $n>N$，总有

$$|\sqrt[n]{n}-1|<\sqrt{\frac{2}{n-1}}<\varepsilon.$$

于是 $\lim\limits_{n\to\infty}\sqrt[n]{n}=1$.

注　此例将 $|\sqrt[n]{n}-1|$ 放大为 $\sqrt{\dfrac{2}{n-1}}$ 时，n 满足 $n\geqslant2$，因此 N 的取值应为 $N=\max\left\{2,\left[\dfrac{2}{\varepsilon^2}+1\right]\right\}$.

1.2.4　用数列极限的四则运算法则求极限

利用数列极限的四则运算法则，结合某些特殊数列的极限公式，例如，$\lim\limits_{n\to\infty}q^n=0(|q|<1$ 的常数$)$，$\lim\limits_{n\to\infty}\dfrac{1}{n^k}=0(k>0$ 的常数$)$ 等，可以求出较为复杂的数列的极限.

例 1.6　求下列数列的极限：

$(1)\lim\limits_{n\to\infty}\left[1-\dfrac{1}{3}+\dfrac{1}{3^2}-\cdots+(-1)^n\dfrac{1}{3^n}\right]$；　　　　$(2)\lim\limits_{n\to\infty}\left[\dfrac{1^2+2^2+\cdots+n^2}{(n+1)^2}-\dfrac{n}{3}\right]$.

解　$(1)\lim\limits_{n\to\infty}\left[1-\dfrac{1}{3}+\dfrac{1}{3^2}-\cdots+(-1)^n\dfrac{1}{3^n}\right]=\lim\limits_{n\to\infty}\dfrac{1-\left(-\dfrac{1}{3}\right)^{n+1}}{1-\left(-\dfrac{1}{3}\right)}=\dfrac{3}{4}$.

$(2)\lim\limits_{n\to\infty}\left[\dfrac{1^2+2^2+\cdots+n^2}{(n+1)^2}-\dfrac{n}{3}\right]=\lim\limits_{n\to\infty}\left[\dfrac{n(n+1)(2n+1)}{6(n+1)^2}-\dfrac{n}{3}\right]$

$$=\lim\limits_{n\to\infty}\frac{n(2n+1)-2n(n+1)}{6(n+1)}$$

$$=\lim\limits_{n\to\infty}\frac{-n}{6(n+1)}=-\frac{1}{6}.$$

1.2.5　用数列极限的夹逼定理求极限

我们在微积分及其应用教程 1.2 中给出了如下的数列极限夹逼定理：

若 $\lim\limits_{n\to\infty}x_n=\lim\limits_{n\to\infty}z_n=a$，且对 $\forall n\in\mathbf{Z}^+$，有 $x_n\leqslant y_n\leqslant z_n$，则 $\lim\limits_{n\to\infty}y_n=a$.

事实上，上述定理条件中的"对 $\forall n\in\mathbf{Z}^+$，有 $x_n\leqslant y_n\leqslant z_n$"可以减弱为"$\exists N\in\mathbf{Z}^+$，当 $n>N$ 时，有 $x_n\leqslant y_n\leqslant z_n$".

例 1.7 求下列数列极限：

(1) $\lim\limits_{n\to\infty}\left(\dfrac{1}{2}\cdot\dfrac{3}{4}\cdot\cdots\cdot\dfrac{2n-1}{2n}\right)$；

(2) $\lim\limits_{n\to\infty}\dfrac{a^n}{n!}$（$a>0$ 为常数）.

解 (1) 设 $A=\dfrac{1}{2}\cdot\dfrac{3}{4}\cdot\cdots\cdot\dfrac{2n-1}{2n}$，引入 $B=\dfrac{2}{3}\cdot\dfrac{4}{5}\cdot\cdots\cdot\dfrac{2n}{2n+1}$，显然有 $0<A<B$，所以

$$0<A^2<AB=\dfrac{1}{2}\cdot\dfrac{2}{3}\cdot\dfrac{3}{4}\cdot\dfrac{4}{5}\cdot\cdots\cdot\dfrac{2n-1}{2n}\cdot\dfrac{2n}{2n+1}=\dfrac{1}{2n+1},$$

即 $\forall n\in\mathbf{Z}^+$，总有

$$0<\dfrac{1}{2}\cdot\dfrac{3}{4}\cdot\cdots\cdot\dfrac{2n-1}{2n}<\dfrac{1}{\sqrt{2n+1}},$$

而 $\lim\limits_{n\to\infty}\dfrac{1}{\sqrt{2n+1}}=0$，所以 $\lim\limits_{n\to\infty}\left(\dfrac{1}{2}\cdot\dfrac{3}{4}\cdot\cdots\cdot\dfrac{2n-1}{2n}\right)=0$.

(2) 取 $N=[a]$，则当 $n>N$ 时，有 $a<N<N+1<\cdots<n-1<n$，于是

$$0<\dfrac{a^n}{n!}=\dfrac{a\cdot a\cdot\cdots\cdot a}{1\cdot 2\cdot\cdots\cdot N}\cdot\dfrac{a}{N+1}\cdot\cdots\cdot\dfrac{a}{n-1}\cdot\dfrac{a}{n}<\dfrac{a^{N+1}}{N!}\cdot\dfrac{1}{n},$$

因为 $\dfrac{a^{N+1}}{N!}$ 是常数，所以 $\lim\limits_{n\to\infty}\dfrac{a^{N+1}}{N!}\cdot\dfrac{1}{n}=0$，于是 $\lim\limits_{n\to\infty}\dfrac{a^n}{n!}=0$.

常规训练1.2

1. 选择题

(1) 数列极限 $\lim\limits_{n\to\infty}\dfrac{1+e^n}{1-e^n}$ 的值为（　　）.

A. 0 　　　　　　B. 1 　　　　　　C. -1 　　　　　　D. ∞

(2) 若 $\lim\limits_{n\to\infty}x_n=a$，且 $\exists N\in\mathbf{Z}^+$，当 $n>N$ 时，$x_n<0$，则必有（　　）.

A. $a<0$ 　　　　　B. $a\leqslant 0$ 　　　　　C. $a\neq 0$ 　　　　　D. $a=0$

(3) "数列有界"是"数列收敛"的（　　）.

A. 充要条件 　　　　　　　　　　　B. 必要不充分条件

C. 既不充分也不必要条件 　　　　　D. 充分不必要条件

2. 填空题

(1) 极限 $\lim\limits_{n\to\infty}\arctan(-n)=$ _____.

(2) 极限 $\lim\limits_{n\to\infty}\dfrac{1+3+5+\cdots+(2n-1)}{n^2+1}=$ _____.

(3) 极限 $\lim\limits_{n\to\infty}\dfrac{1-3^{n+1}}{3^n+2^n}=$ _____.

3. 解答题

（1）观察下列各数列的变化趋势，指出是否存在极限；如果存在，请指出其极限值.

① $\lim\limits_{n\to\infty}\dfrac{\sin n}{\sqrt{n}+1}$；

② $\lim\limits_{n\to\infty}\cos\dfrac{1}{2^n}$；

③ $\lim\limits_{n\to\infty}\sin(\mathrm{e}^n)$；

④ $\lim\limits_{n\to\infty}(1+2+\cdots+n)$；

⑤ $\lim\limits_{n\to\infty}\operatorname{arccot} n$；

⑥ $\lim\limits_{n\to\infty}\ln\dfrac{1}{n}$.

（2）用数列极限的严格定义证明 $\lim\limits_{n\to\infty}\dfrac{n^2}{n^2+1}=1$.

（3）求下列数列的极限：

① $\lim\limits_{n\to\infty}\left(\dfrac{2n^2+n-2}{n^2-n+1}\right)^3$；

② $\lim\limits_{n\to\infty}(\sqrt{n^2+3n}-n)$；

③ $\lim\limits_{n\to\infty}\dfrac{2^n}{1+2+2^2+\cdots+2^{n-1}}$;   ④ $\lim\limits_{n\to\infty}\left[\dfrac{1}{1\cdot 2}+\dfrac{1}{2\cdot 3}+\cdots+\dfrac{1}{n(n+1)}\right]$.

（4）利用夹逼定理求极限 $\lim\limits_{n\to\infty}\left(\dfrac{n}{n^2+1}+\dfrac{n}{n^2+2}+\cdots+\dfrac{n}{n^2+n}\right)$.

常规训练 1.2 详解

1.3 函数极限的概念和性质

1.3.1 极限 $\lim\limits_{x\to x_0}f(x)=A$ 的几何意义

在微积分及其应用教程 1.3 中,介绍了极限 $\lim\limits_{x\to\infty}f(x)=A$ 的几何意义与水平渐近线,而

对于 $\lim\limits_{x\to x_0}f(x)=A$,可以由它的严格定义,利用函数图像给出它的几何意义,即:对 $\forall\varepsilon>0$,不论 ε 多么小,即不论平行直线 $y=A-\varepsilon$ 与 $y=A+\varepsilon$ 间的带形区域多么狭窄,总可以找到相应的 $\delta>0$,当 $y=f(x)$ 的图像上的点的横坐标 x 落在 x_0 的去心邻域 $(x_0-\delta,x_0)\bigcup(x_0,x_0+\delta)$ 内时,这些点对应的纵坐标 $y=f(x)$ 都满足不等式:

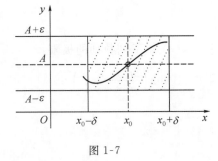

图 1-7

$$|f(x)-A|<\varepsilon \text{ 或 } A-\varepsilon<f(x)<A+\varepsilon,$$

亦即这些点落在图 1-7 的矩形区域内(但不包括横坐标为 x_0 的点).

1.3.2 用函数极限的严格定义证明各种形式的函数极限

与数列极限的严格定义类似,我们可以利用它证明在自变量 x 的某个变化过程中 $f(x)$ 以 A 为极限.如果证明 $\lim\limits_{x\to\infty}f(x)=A$,称为 $\varepsilon-X$ 证法;如果证明 $\lim\limits_{x\to x_0}f(x)=A$,称为 $\varepsilon-\delta$ 证

法. 证明的步骤与数列极限的 $\varepsilon-N$ 证法相仿, 这里不再详述, 但要注意的是, 在找 X 或 δ 的时候, 若从不等式 $|f(x)-A|<\varepsilon$ 直接解出 $|x|>h(\varepsilon)$ 或 $|x-x_0|<h(\varepsilon)$ 比较困难时, 可以先对 $|f(x)-A|<\varepsilon$ 进行适当的放大后再求解; 当 $|f(x)-A|<\varepsilon$ 不易放大时, 可以先限定 $|x|>X_1$ 或 $0<|x-x_0|<\delta_1$, 再将 $|f(x)-A|<\varepsilon$ 放大后, 解出 $|x|>h(\varepsilon)$ 或 $|x-x_0|<h(\varepsilon)$ 或者 $|x|>h(\varepsilon)$, 最后取 $X=\max\{h(\varepsilon),X_1\}$ 或 $\delta=\min\{h(\varepsilon),\delta_1\}$. 对于其他四种形式极限, 可以仿照前面找 δ 或 X 的方法来证明.

例 1.8　证明 $\lim\limits_{x\to 0^-}\mathrm{e}^{\frac{1}{x}}=0$.

证明　$\forall \varepsilon>0$, 不妨设 $\varepsilon<1$, 又 $x\to 0^-$, 可得 $x<0$, 则 $|\mathrm{e}^{\frac{1}{x}}-0|=\mathrm{e}^{\frac{1}{x}}<\varepsilon\Leftrightarrow\frac{1}{x}<\ln\varepsilon$, 从而 $x>\frac{1}{\ln\varepsilon}$, 即有 $\frac{1}{\ln\varepsilon}<x-0<0$. 因此, 可取 $\delta=-\frac{1}{\ln\varepsilon}>0$, 则当 $-\delta<x-0<0$ 时就有 $|\mathrm{e}^{\frac{1}{x}}-0|<\varepsilon$, 所以 $\lim\limits_{x\to 0^-}\mathrm{e}^{\frac{1}{x}}=0$.

例 1.9　证明 $\lim\limits_{x\to\infty}\dfrac{2x^2+x}{x^2-2}=2$.

证明　$\forall \varepsilon>0$, 当 $|x|>\sqrt{2}$ 时, $\left|\dfrac{2x^2+x}{x^2-2}-2\right|=\dfrac{|x+4|}{|x^2-2|}\leqslant\dfrac{|x|+4}{|x|^2-2}$, 把上式右边的式子再适当放大, 可得当 $|x|\geqslant 4$ 时, 有

$$\frac{|x|+4}{|x|^2-2}<\frac{2|x|}{\frac{1}{2}|x|^2}=\frac{4}{|x|}<\varepsilon,$$

从而 $|x|>\dfrac{4}{\varepsilon}$.

因此, 可取 $X=\max\left\{4,\dfrac{4}{\varepsilon}\right\}$, 则当 $|x|>X$ 时就有 $\left|\dfrac{2x^2+x}{x^2-2}-2\right|<\varepsilon$, 所以 $\lim\limits_{x\to\infty}\dfrac{2x^2+x}{x^2-2}=2$.

例 1.10　证明 $\lim\limits_{x\to 1}\dfrac{x^2-1}{2x^2-x-1}=\dfrac{2}{3}$.

证明　$\forall \varepsilon>0$, $\left|\dfrac{x^2-1}{2x^2-x-1}-\dfrac{2}{3}\right|=\left|\dfrac{x+1}{2x+1}-\dfrac{2}{3}\right|=\dfrac{|x-1|}{3|2x+1|}$, 当 $0<|x-1|<1$, 即 $0<x<2$ 时, 于是有

$$\frac{|x-1|}{3|2x+1|}=\frac{|x-1|}{3(2x+1)}<\frac{|x-1|}{3}<\varepsilon,$$

从而 $|x-1|<3\varepsilon$.

因此, 可取 $\delta=\min\{1,3\varepsilon\}$, 则当 $0<|x-1|<\delta$ 时就有 $\left|\dfrac{x^2-1}{2x^2-x-1}-\dfrac{2}{3}\right|<\varepsilon$, 因此 $\lim\limits_{x\to 1}\dfrac{x^2-1}{2x^2-x-1}=\dfrac{2}{3}$.

1.3.3 与函数极限有关的几个结论的证明

1. 关于 $\lim\limits_{x\to\infty}f(x)=A\Leftrightarrow\lim\limits_{x\to+\infty}f(x)=\lim\limits_{x\to-\infty}f(x)=A$ 的证明

必要性：设 $\lim\limits_{x\to\infty}f(x)=A$，则对于 $\forall\varepsilon>0$，$\exists X>0$，当 $|x|>X$ 时，总有 $|f(x)-A|<\varepsilon$. 即当 $x>X$ 时，总有 $|f(x)-A|<\varepsilon$，则 $\lim\limits_{x\to+\infty}f(x)=A$；当 $x<-X$ 时，亦总有 $|f(x)-A|<\varepsilon$，则 $\lim\limits_{x\to-\infty}f(x)=A$.

充分性：设 $\lim\limits_{x\to+\infty}f(x)=\lim\limits_{x\to-\infty}f(x)=A$，则对于 $\forall\varepsilon>0$，$\exists X_1>0$ 及 $\exists X_2>0$，当 $x>X_1$ 及 $x<-X_2$ 时，总有 $|f(x)-A|<\varepsilon$.

取 $X=\max\{X_1,X_2\}$，则当 $x>X$ 及 $x<-X$ 时，即 $|x|>X$ 时，总有 $|f(x)-A|<\varepsilon$，则 $\lim\limits_{x\to\infty}f(x)=A$.

2. 关于 $\lim\limits_{x\to x_0}f(x)=A\Leftrightarrow\lim\limits_{x\to x_0^+}f(x)=\lim\limits_{x\to x_0^-}f(x)=A$ 的证明

必要性：设 $\lim\limits_{x\to x_0}f(x)=A$，则对于 $\forall\varepsilon>0$，$\exists\delta>0$，当 $0<|x-x_0|<\delta$ 时，总有 $|f(x)-A|<\varepsilon$. 即当 $0<x-x_0<\delta$ 时，总有 $|f(x)-A|<\varepsilon$，则 $\lim\limits_{x\to x_0^+}f(x)=A$；当 $-\delta<x-x_0<0$ 时，亦总有 $|f(x)-A|<\varepsilon$，则 $\lim\limits_{x\to x_0^-}f(x)=A$.

充分性：设 $\lim\limits_{x\to x_0^+}f(x)=\lim\limits_{x\to x_0^-}f(x)=A$，则对于 $\forall\varepsilon>0$，$\exists\delta_1>0$ 及 $\delta_2>0$，当 $0<x-x_0<\delta_1$ 及 $-\delta_2<x-x_0<0$ 时，总有 $|f(x)-A|<\varepsilon$.

取 $\delta=\min\{\delta_1,\delta_2\}$，则当 $-\delta<x-x_0<0$ 及 $0<x-x_0<\delta$ 时，即 $0<|x-x_0|<\delta$ 时，总有 $|f(x)-A|<\varepsilon$，则 $\lim\limits_{x\to x_0}f(x)=A$.

3. 关于定理 1.8 的推论 3 的改进的证明

即证：若 $\lim\limits_{x\to x_0}f(x)=A$，且 $A>0$，则 $\exists\delta>0$，当 $0<|x-x_0|<\delta$ 时，有 $f(x)>\dfrac{A}{2}$.

事实上，由 $\lim\limits_{x\to x_0}f(x)=A$，所以对于 $\varepsilon=\dfrac{A}{2}>0$，$\exists\delta>0$，当 $0<|x-x_0|<\delta$ 时，有

$$|f(x)-A|<\frac{A}{2}\Leftrightarrow A-\frac{A}{2}<f(x)<A+\frac{A}{2}\Rightarrow f(x)>\frac{A}{2}.$$

🖊 常规训练 1.3

1. 选择题

(1) 下列函数极限中，极限存在的是（　　　）.

A. $\lim\limits_{x\to\infty}\cos x$　　　　B. $\lim\limits_{x\to\infty}\text{th}\,x$　　　　C. $\lim\limits_{x\to-\infty}3^x$　　　　D. $\lim\limits_{x\to+\infty}\ln x$

(2) 设函数 $f(x)=\begin{cases}x^2-1, & x>1,\\ 1, & x=1,\\ 1-x, & x<1,\end{cases}$ 则 $\lim\limits_{x\to1}f(x)$ 为（　　　）.

A. 1　　　　　　　　B. 0　　　　　　　　C. 1 或 0　　　　　　　D. 不存在

(3) 若 $\lim\limits_{x \to x_0} f(x) = A$，且 $\exists \delta > 0$，当 $0 < |x - x_0| < \delta$ 时，$f(x) > 0$，则（　　）.

A. $A \leqslant 0$　　　　　　B. $A < 0$　　　　　　C. $A \geqslant 0$　　　　　D. $A > 0$

2. 填空题

(1) 函数 $y = \operatorname{arccot} x$ 的水平渐近线是直线 _____.

(2) 极限 $\lim\limits_{x \to 1^-} \operatorname{sgn}(x - 1) =$ _____.

(3) 设 $f(x) = \begin{cases} x + a, & x > 0, \\ 2x - 1, & x < 0, \end{cases}$ 且 $\lim\limits_{x \to 0} f(x)$ 存在，则 a 的值是 _____.

3. 解答题

(1) 利用函数图像，指出下列函数极限是否存在；如果存在，请求出其极限值.

① $\lim\limits_{x \to \infty} \dfrac{1}{x^2}$;　　　　　　② $\lim\limits_{x \to \infty} \sin 2x$;　　　　　　③ $\lim\limits_{x \to 0^+} \ln x$;

④ $\lim\limits_{x \to 2^-} \sqrt{2 - x}$;　　　　　⑤ $\lim\limits_{x \to \infty} \arctan x$;　　　　⑥ $\lim\limits_{x \to -1} \arcsin x$.

(2) 用函数极限的严格定义证明 $\lim\limits_{x \to +\infty} \dfrac{\cos x}{\sqrt{x}} = 0$.

(3) 求下列函数在指定点处的左极限与右极限，并问在该点处的极限是否存在；如果存在，请求出其极限值.

① 设 $f(x) = \dfrac{x - 1}{|x - 1|}$，在 $x = 1$ 处；

...

②设 $f(x)=\begin{cases}1-x, & x\leqslant 0, \\ \cos x, & x>0,\end{cases}$ 在 $x=0$ 处；

③设 $f(x)=[x]-x$，在 $x=2$ 处.

（4）用函数极限的夹逼定理证明 $\lim\limits_{x\to 0^-}\sqrt[n]{1+x}=1$.

常规训练 1.3 详解

1.4 无穷小与函数极限的运算法则

1.4.1 关于无穷小的一个性质的说明

在微积分及其应用教程 1.4.1 的第一部分中,我们介绍了无穷小的如下一个性质:有限个无穷小之和或之积是无穷小.

上述性质中无穷小的个数是有限个的条件是必需的,也即无穷多个无穷小之和或之积并不一定是无穷小.下面我们用反例加以说明.

取 $n(n=1,2,3,\cdots)$个函数 $f_n(x)=\begin{cases}0, & 0\leqslant x\leqslant n-1, \\ 1-\dfrac{n-1}{x}, & n-1<x\leqslant n, \\ \dfrac{1}{x}, & x>n,\end{cases}$ 则当 $x\to+\infty$时,对每一

个 $n\in\mathbf{Z}^+$ 都有 $f_n(x)\to 0$,即 $f_n(x)$都是无穷小,但当 $x>0$ 时可以求得它们的和为 $f(x)=$

$f_1(x)+f_2(x)+\cdots+f_n(x)+\cdots=1$，所以当 $x\to+\infty$ 时，$f(x)$ 不是无穷小.

取 $n(n=1,2,3,\cdots)$ 个函数 $f_n(x)=\begin{cases}1, & 0\leqslant x\leqslant n-1,\\ x^{n-1}, & n-1<x\leqslant n,\\ \dfrac{1}{x}, & x>n,\end{cases}$ 则当 $x\to+\infty$ 时，对每一个

$n\in\mathbf{Z}^+$ 都有 $f_n(x)\to0$，即 $f_n(x)$ 都是无穷小，但当 $x>0$ 时可以求得它们的积为 $g(x)=$ $f_1(x)f_2(x)\cdots f_n(x)\cdots=1$，所以当 $x\to+\infty$ 时，$g(x)$ 不是无穷小.

1.4.2　函数极限与无穷小关系定理的应用

在微积分及其应用教程 1.4.1 的第一部分中，我们给出了函数极限与无穷小之间的关系定理：在自变量 x 的同一变化过程中，函数 $f(x)$ 以 A 为极限的充要条件是 $f(x)$ 可以表示成 A 与一个无穷小 $\alpha(x)$ 之和.

我们已经看到，利用上述定理可以简化极限四则运算法则的推导. 其实它在今后的微积分学习中也有重要的应用，尤其是在理论推导或证明中，它可以将函数的极限运算问题转化为常数与无穷小的代数运算问题，下面仅举两例.

例 1.11　已知极限 $\lim\limits_{x\to2}\dfrac{f(x)+x^2}{2-x}$ 存在，求 $\lim\limits_{x\to2}f(x)$.

解　由已知可设 $\lim\limits_{x\to2}\dfrac{f(x)+x^2}{2-x}=A$（$A$ 为常数），则 $\dfrac{f(x)+x^2}{2-x}=A+\alpha(x)$，其中 $\lim\limits_{x\to2}\alpha(x)=0$，

所以 $f(x)=A(2-x)-x^2+(2-x)\alpha(x)$，从而

$$\lim_{x\to2}f(x)=\lim_{x\to2}[A(2-x)-x^2+(2-x)\alpha(x)]=-4.$$

例 1.12　已知 $\lim\limits_{x\to\infty}[f(x)-ax-b]=0$，其中 a,b 为常数，求 $\lim\limits_{x\to\infty}\dfrac{f(x)}{x}$.

解　由已知可得 $f(x)-ax-b=\alpha(x)$，其中 $\lim\limits_{x\to\infty}\alpha(x)=0$，所以

$$\frac{f(x)}{x}=a+\frac{b}{x}+\frac{\alpha(x)}{x}\Rightarrow\lim_{x\to\infty}\frac{f(x)}{x}=\lim_{x\to\infty}\left[a+\frac{b}{x}+\frac{\alpha(x)}{x}\right]=a.$$

1.4.3　无穷大与无界函数的区别和联系

1. 无穷大与无界函数的区别

（1）无穷大是指函数在自变量的某个变化过程中，对应函数值的变化趋势；而无界函数是指函数在它的某个定义数集内，对应函数值的变化范围.

（2）无穷大定义中的不等式 $|f(x)|>M$，要求适合不等式 $0<|x-x_0|<\delta$ 或 $|x|>X$ 的一切 x 都满足；而无界函数定义中的不等式 $|f(x)|>M$，只要求一个 x 满足不等式 $0<|x-x_0|<\delta$ 或 $|x|>X$.

2. 无穷大与无界函数的联系

若函数 $f(x)$ 是当 $x \to x_0$（或 $x \to \infty$）时的无穷大，则 $f(x)$ 在点 x_0（或在 $(-\infty, +\infty)$ 内）一定无界，但反之不真.

例 1.13 证明函数 $f(x) = x \sin x$ 在 $(-\infty, +\infty)$ 内无界，但它不是当 $x \to +\infty$ 时的无穷大.

证明 结论的前半部分的证法，与本书的例 1.1 类似.

对 $\forall M > 0$，$\exists k \in \mathbf{Z}^+$，使得 $k > \dfrac{M - \dfrac{\pi}{2}}{2\pi}$，不妨设 $M > \dfrac{\pi}{2}$，即存在 $x = 2k\pi + \dfrac{\pi}{2} \in (-\infty, +\infty)$，使得

$$f(x) = f\left(2k\pi + \frac{\pi}{2}\right) = \left(2k\pi + \frac{\pi}{2}\right) \sin\left(2k\pi + \frac{\pi}{2}\right) = 2k\pi + \frac{\pi}{2} > M,$$

所以函数 $f(x)$ 在 $(-\infty, +\infty)$ 内无界.

下面举反例说明当 $x \to +\infty$ 时函数 $f(x)$ 不是无穷大.

取 $x_n = n\pi (n \in \mathbf{Z}^+)$，当 $x \to +\infty$ 时，$n \to +\infty$，有 $x_n \to +\infty$，但

$$f(x_n) = n\pi \sin(n\pi) = 0,$$

这说明当 $x \to +\infty$ 时，函数 $f(x) = x \sin x$ 不是无穷大.

1.4.4 利用函数极限的运算法则求函数极限

在微积分及其应用教程 1.4 中我们已经看到，利用函数极限的四则运算法则和复合函数的极限运算法则，可以解决比较复杂的函数极限的计算问题. 下面再举几例加以说明.

例 1.14 求下列极限：

(1) $\lim\limits_{x \to \infty} \dfrac{(3x+2)^{14}(5x-1)^{18}}{(15x^2 - 5x + 3)^{16}}$；

(2) $\lim\limits_{x \to -\infty} \left(\sqrt{2x^2 - x} - \sqrt{2x^2 + 2x}\right)$.

解 (1) 在原分式函数的分子与分母上都除以 x^{32}，得

$$\lim_{x \to \infty} \frac{(3x+2)^{14}(5x-1)^{18}}{(15x^2 - 5x + 3)^{16}} = \lim_{x \to \infty} \frac{\left(3 + \dfrac{2}{x}\right)^{14}\left(5 - \dfrac{1}{x}\right)^{18}}{\left(15 - \dfrac{5}{x} + \dfrac{3}{x^2}\right)^{16}} = \frac{3^{14} \cdot 5^{18}}{15^{16}} = \frac{25}{9}.$$

(2) 利用分子有理化，得

$$\lim_{x \to -\infty} \left(\sqrt{2x^2 - x} - \sqrt{2x^2 + 2x}\right) = \lim_{x \to -\infty} \frac{-3x}{\sqrt{2x^2 - x} + \sqrt{2x^2 + 2x}}$$

$$= \lim_{x \to -\infty} \frac{3}{\sqrt{2 - \dfrac{1}{x}} + \sqrt{2 + \dfrac{2}{x}}}$$

$$= \frac{3}{2\sqrt{2}} = \frac{3\sqrt{2}}{4}.$$

例 1.15 求下列极限：

(1) $\lim\limits_{x \to -2} \dfrac{x^4-16}{x^3+8}$；

(2) $\lim\limits_{x \to 3}\left(\dfrac{2}{x^2-9}-\dfrac{3}{x^3-27}\right)$.

解 (1) $\lim\limits_{x \to -2} \dfrac{x^4-16}{x^3+8} = \lim\limits_{x \to -2} \dfrac{(x^2+4)(x+2)(x-2)}{(x+2)(x^2-2x+4)}$

$$= \lim\limits_{x \to -2} \dfrac{(x^2+4)(x-2)}{x^2-2x+4} = -\dfrac{8}{3}.$$

(2) $\lim\limits_{x \to 3}\left(\dfrac{2}{x^2-9}-\dfrac{9}{x^3-27}\right) = \lim\limits_{x \to 3} \dfrac{2(x^2+3x+9)-9(x+3)}{(x+3)(x-3)(x^2+3x+9)}$

$$= \lim\limits_{x \to 3} \dfrac{2x^2-3x-9}{(x+3)(x-3)(x^2+3x+9)}$$

$$= \lim\limits_{x \to 3} \dfrac{2x+3}{(x+3)(x^2+3x+9)} = \dfrac{1}{18}.$$

例 1.16 求极限 $\lim\limits_{x \to -3} \dfrac{\sqrt{x+4}+\sqrt[3]{x+2}}{\sqrt[4]{x+4}-1}$.

解 由 $\dfrac{\sqrt{x+4}+\sqrt[3]{x+2}}{\sqrt[4]{x+4}-1} = \dfrac{\sqrt{x+4}-1+\sqrt[3]{x+2}+1}{\sqrt[4]{x+4}-1}$，因为

$$\lim\limits_{x \to -3} \dfrac{\sqrt{x+4}-1}{x+3} = \lim\limits_{x \to -3} \dfrac{x+4-1}{(x+3)(\sqrt{x+4}+1)} = \lim\limits_{x \to -3} \dfrac{1}{\sqrt{x+4}+1} = \dfrac{1}{2},$$

$$\lim\limits_{x \to -3} \dfrac{\sqrt[3]{x+2}+1}{x+3} = \lim\limits_{x \to -3} \dfrac{1}{\sqrt[3]{(x+2)^2}-\sqrt[3]{x+2}+1} = \dfrac{1}{3},$$

$$\lim\limits_{x \to -3} \dfrac{\sqrt[4]{x+4}-1}{x+3} = \lim\limits_{x \to -3} \dfrac{1}{\sqrt[4]{(x+4)^3}+\sqrt[4]{(x+4)^2}+\sqrt[4]{x+4}+1} = \dfrac{1}{4},$$

所以 $\lim\limits_{x \to -3} \dfrac{\sqrt{x+4}+\sqrt[3]{x+2}}{\sqrt[4]{x+4}-1} = \lim\limits_{x \to -3} \dfrac{\dfrac{\sqrt{x+4}-1}{x+3}+\dfrac{\sqrt[3]{x+3}-1}{x+3}}{\dfrac{\sqrt[4]{x+4}-1}{x+3}} = \dfrac{\dfrac{1}{2}+\dfrac{1}{3}}{\dfrac{1}{4}} = \dfrac{10}{3}.$

🖊 常规训练 1.4

1. 选择题

(1) 极限 $\lim\limits_{x \to -1} \arctan \dfrac{1}{1+x}$ 为（ ）.

A. $\dfrac{\pi}{2}$　　　　B. $-\dfrac{\pi}{2}$　　　　C. ∞　　　　D. 不存在但非 ∞

(2) 下列结论正确的是（ ）.

A. 当 $x \to 0$ 时，$\cos \dfrac{1}{x}$ 是无穷小

B. 当 $x \to \infty$ 时，2^x 是无穷大

C. 当 $x \to \infty$ 时，$\dfrac{x\sin(x^2+1)}{x^2+1}$ 是无穷小

D. $\lim\limits_{x\to 1}\left(\dfrac{1}{x-1}-\dfrac{2}{x^2-1}\right)=\lim\limits_{x\to 1}\dfrac{1}{x-1}-\lim\limits_{x\to 1}\dfrac{2}{x^2-1}=\infty-\infty=0$

(3) 极限 $\lim\limits_{x\to 0}\dfrac{1}{x+1}e^{\frac{1}{x}}$ 为（　　）.

A. 1　　　　　　　　B. 0　　　　　　　　C. ∞　　　　　　　D. 不存在但非 ∞

2. 填空题

(1) 函数 $y=\dfrac{1}{x^2-x}$ 的铅直渐近线是直线 _____.

(2) 已知极限 $\lim\limits_{x\to\infty}\dfrac{(a+1)x^2+1}{x^2+x+1}=0$，则常数 a 的值为 _____.

(3) 已知 a,b 是常数，且 $\lim\limits_{x\to -1}\dfrac{ax^2+b}{x+1}=2$，则 $a=$ _____，$b=$ _____.

3. 解答题

(1) 利用无穷小的性质求下列极限：

① $\lim\limits_{x\to 0^+}\sqrt{x}\sin\dfrac{1}{x}$；
　　　　　　　② $\lim\limits_{x\to\infty}\dfrac{2x^2+x\arctan x}{x^2+3x+2}$.

(2) 求下列极限：

① $\lim\limits_{x\to\infty}\dfrac{(2x^2+3)(4x-1)^4}{(x^2-4x+1)^3}$；
　　　　　② $\lim\limits_{x\to +\infty}(\sqrt{x^2+x}-x)$；

③ $\lim\limits_{x\to -\sqrt{3}}\dfrac{x^2-3}{x+\sqrt{3}}$；
　　　　　　　④ $\lim\limits_{x\to 1}\dfrac{x^2-x}{x^3-1}$；

⑤ $\lim\limits_{x\to 2}\dfrac{x^2+3x-10}{x^2-4}$；
　　　　　　　⑥ $\lim\limits_{x\to 1}\left(\dfrac{1}{1-x}-\dfrac{3}{1-x^3}\right)$；

⑦$\lim\limits_{x\to 0}\dfrac{x}{\sqrt{1+x}-1}$;

⑧$\lim\limits_{x\to -1}\dfrac{\sqrt[3]{x}+1}{x+1}$.

常规训练 1.4 详解

1.5　两个重要极限与无穷小的比较

1.5.1　数列的单调有界收敛准则应用举例

在微积分及其应用教程 1.5 中,利用数列的单调有界收敛准则证明了 $\lim\limits_{n\to\infty}\left(1+\dfrac{1}{n}\right)^n$ 存在,下面再举两例来说明此收敛准则在求数列极限中的应用.

例 1.17　利用单调有界准则证明下列递推数列的极限存在并求极限:

(1) 设 $a>0$,$x_1=\sqrt{a}$,$x_{n+1}=\sqrt{a+x_n}$($n\in \mathbf{Z}^+$);

(2) 设 $a>0$,$x_1>0$,$x_{n+1}=\dfrac{1}{2}\left(x_n+\dfrac{a}{x_n}\right)$($n\in \mathbf{Z}^+$).

解　(1) 显然 $x_1<x_2$;假设 $x_k<x_{k+1}(k\in \mathbf{Z}^+)$,则

$$a+x_k<a+x_{k+1}\Rightarrow \sqrt{a+x_k}<\sqrt{a+x_{k+1}}\Rightarrow x_{k+1}<x_{k+2},$$

所以由数学归纳法知 $\{x_n\}$ 是单调增加的.

又 $x_1=\sqrt{a}<\sqrt{a}+1$;假设 $x_k<\sqrt{a}+1(k\in \mathbf{Z}^+)$,则

$$x_{k+1}=\sqrt{a+x_k}<\sqrt{a+\sqrt{a}+1}<\sqrt{a+2\sqrt{a}+1}=\sqrt{a}+1,$$

所以由数学归纳法知 $\{x_n\}$ 有上界. 于是数列 $\{x_n\}$ 的极限存在.

设 $\lim\limits_{n\to\infty}x_n=l$,由已知得 $x_n^2=a+x_n$,所以 $l^2=a+l$,解这个方程得

$$l=\dfrac{1}{2}(1\pm\sqrt{1+4a}).$$

根据数列极限的保号性知,$l>0$,于是所求数列 $\{x_n\}$ 的极限为

$$\lim\limits_{n\to\infty}x_n=l=\dfrac{1}{2}(1+\sqrt{1+4a}).$$

(2) 因为 $a>0$,$x_1>0$;假设 $x_k>0(k\in \mathbf{Z}^+)$,则

$$x_{k+1}=\dfrac{1}{2}\left(x_k+\dfrac{a}{x_k}\right)>0,$$

所以由数学归纳法知$\{x_n\}$有下界. 又由代数基本不等式知

$$x_{n+1}=\frac{1}{2}\left(x_n+\frac{a}{x_n}\right)\geqslant\sqrt{x_n\cdot\frac{a}{x_n}}=\sqrt{a},n=1,2,3,\cdots,$$

再由$\dfrac{x_{n+1}}{x_n}=\dfrac{1}{2}\left(1+\dfrac{a}{x_n^2}\right)\leqslant 1\Rightarrow x_{n+1}\leqslant x_n,n=1,2,3,\cdots,$知$\{x_n\}$是单调增加的.

从而$\lim\limits_{n\to\infty}x_n$存在，设为$l$，在已知递推式两边关于$n$求极限，得$l=\dfrac{1}{2}\left(l+\dfrac{a}{l}\right)$，又根据数列极限保号性知$l>0$，于是所求数列$\{x_n\}$的极限是$\lim\limits_{n\to\infty}x_n=\sqrt{a}$.

1.5.2 运用两个重要极限求函数的极限

微积分及其应用教程 1.5.2 中给出的两个重要极限，在计算函数的极限中有着很重要的作用，因此有必要再增加一些例题，来对如何运用两个重要极限求函数的极限作进一步的说明.

例 1.18 求下列极限：

(1) $\lim\limits_{x\to 1}(x-1)\tan\dfrac{\pi}{2}x$；　　　　　　　　(2) $\lim\limits_{x\to 0}\dfrac{1-\cos x\cos 2x}{x^2}$.

解 (1) 设$1-x=t$，则$x=1-t,t\to 0$，于是

$$\lim\limits_{x\to 1}(x-1)\tan\frac{\pi}{2}x=-\lim\limits_{t\to 0}t\tan\left(\frac{\pi}{2}-\frac{\pi}{2}t\right)=-\lim\limits_{t\to 0}t\cot\frac{\pi}{2}t$$

$$=-\lim\limits_{t\to 0}\left[\frac{\frac{\pi}{2}t}{\sin\frac{\pi}{2}t}\cdot\frac{2}{\pi}\cos\frac{\pi}{2}t\right]=-\frac{2}{\pi}.$$

(2) $\lim\limits_{x\to 0}\dfrac{1-\cos x\cos 2x}{x^2}=\lim\limits_{x\to 0}\dfrac{1-\cos x(1-2\sin^2 x)}{x^2}$

$$=\lim\limits_{x\to 0}\frac{(1-\cos x)}{x^2}+\lim\limits_{x\to 0}\frac{2\cos x\sin^2 x}{x^2}$$

$$=\frac{1}{2}\lim\limits_{x\to 0}\left(\frac{\sin\frac{x}{2}}{\frac{x}{2}}\right)+2\lim\limits_{x\to 0}\cos x\left(\frac{\sin x}{x}\right)^2=\frac{5}{2}.$$

注 与三角函数有关的极限，常利用变量代换或三角恒等变形转化为重要极限$\lim\limits_{x\to 0}\dfrac{\sin x}{x}=1$或其变式.

例 1.19 求下列极限：

(1) $\lim\limits_{x\to\infty}\dfrac{(x+1)^{x+1}(x+2)^{x+2}}{(x+3)^{2x+3}}$；　　　　　(2) $\lim\limits_{x\to 0}(\cos x)^{\frac{1}{\sin^2 x}}$.

解 (1) 因为$\dfrac{(x+1)^{x+1}(x+2)^{x+2}}{(x+3)^{2x+3}}=\left(1-\dfrac{2}{x+3}\right)^{x+1}\cdot\left(1-\dfrac{1}{x+3}\right)^{x+2}$，由于

$$\lim_{x\to\infty}\left(1-\frac{2}{x+3}\right)^{x+1}=\lim_{x\to\infty}\left[\left(1-\frac{2}{x+3}\right)^{-\frac{x+3}{2}}\right]^{-\frac{2x+2}{x+3}}=\mathrm{e}^{-2},$$

同理 $\lim\limits_{x\to\infty}\left(1-\frac{1}{x+3}\right)^{x+2}=\mathrm{e}^{-1}$,所以

$$\lim_{x\to\infty}\frac{(x+1)^{x+1}(x+2)^{x+2}}{(x+3)^{2x+3}}=\lim_{x\to\infty}\left(1-\frac{2}{x+3}\right)^{x+1}\cdot\lim_{x\to\infty}\left(1-\frac{1}{x+3}\right)^{x+2}=\mathrm{e}^{-3}.$$

(2) $\lim\limits_{x\to0}(\cos x)^{\frac{1}{\sin^2 x}}=\lim\limits_{x\to0}\{[1+(\cos x-1)]^{\frac{1}{\cos x-1}}\}^{\frac{\cos x-1}{\sin^2 x}}$

$$=\lim_{x\to0}\{[1+(\cos x-1)]^{\frac{1}{\cos x-1}}\}^{-\frac{2\sin^2\frac{x}{2}}{\sin^2 x}}$$

$$=\lim_{x\to0}\{[1+(\cos x-1)]^{\frac{1}{\cos x-1}}\}^{-\frac{1}{2\cos^2\frac{x}{2}}}=\mathrm{e}^{-\frac{1}{2}}.$$

注　求 $[f(x)]^{g(x)}$(称为幂指函数)在某变化过程中的极限时,若 $f(x)\to1,g(x)\to\infty$,就可以考虑运用重要极限 $\lim\limits_{x\to\infty}\left(1+\frac{1}{x}\right)^x=\mathrm{e}$ 或其各种变式;另外,在求幂指函数极限时,可以应用如下结论(以 $x\to x_0$ 为例):

若 $\lim\limits_{x\to x_0}f(x)$ 与 $\lim\limits_{x\to x_0}g(x)$ 都存在,则 $\lim\limits_{x\to x_0}[f(x)]^{g(x)}=\left[\lim\limits_{x\to x_0}f(x)\right]^{\lim\limits_{x\to x_0}g(x)}$.

1.5.3　应用等价无穷小替换定理求函数的极限

在微积分及其应用教程 1.5.3 中重点介绍了等价无穷小的有关内容,给出了求函数极限的"等价无穷小替换定理",以及一些常用的等价无穷小,为求函数极限提供了一个非常有效的方法,但在具体应用中要求的技巧性较高,为此再举两个典型的例题.

例 1.20　求极限 $\lim\limits_{x\to0}\dfrac{\sqrt{\cos x}-\sqrt[3]{\cos x}}{\sin^2 x}$.

解　当 $x\to0$ 时,$\sin x\sim x$,$1-\cos x\sim\dfrac{1}{2}x^2$,则

$$\lim_{x\to0}\frac{\sqrt{\cos x}-\sqrt[3]{\cos x}}{\sin^2 x}=\lim_{x\to0}\frac{(\sqrt{\cos x}-1)+(1-\sqrt[3]{\cos x})}{x^2}$$

$$=\lim_{x\to0}\frac{\sqrt{\cos x}-1}{x^2}+\lim_{x\to0}\frac{1-\sqrt[3]{\cos x}}{x^2}$$

$$=\lim_{x\to0}\frac{\cos x-1}{x^2(\sqrt{\cos x}+1)}+\lim_{x\to0}\frac{1-\cos x}{x^2(1+\sqrt[3]{\cos x}+\sqrt[3]{\cos^2 x})}$$

$$=\lim_{x\to0}\frac{-\frac{1}{2}x^2}{x^2(\sqrt{\cos x}+1)}+\lim_{x\to0}\frac{\frac{1}{2}x^2}{x^2(1+\sqrt[3]{\cos x}+\sqrt[3]{\cos^2 x})}$$

$$=-\frac{1}{4}+\frac{1}{6}=-\frac{1}{12}.$$

例 1.21　求极限 $\lim\limits_{x\to0}\left(\dfrac{a^x+b^x+c^x}{3}\right)^{\frac{1}{x}}$,$(a,b,c>0)$.

解 $\lim\limits_{x \to 0}\left(\dfrac{a^x+b^x+c^x}{3}\right)^{\frac{1}{x}}=\lim\limits_{x \to 0}\left\{\left[1+\left(\dfrac{a^x+b^x+c^x}{3}-1\right)\right]^{\frac{1}{\frac{a^x+b^x+c^x}{3}-1}}\right\}^{\frac{\frac{a^x+b^x+c^x}{3}-1}{x}},$

由于 $\lim\limits_{x \to 0}\left[1+\left(\dfrac{a^x+b^x+c^x}{3}-1\right)\right]^{\frac{1}{\frac{a^x+b^x+c^x}{3}-1}}=\mathrm{e},$

$$\lim\limits_{x \to 0}\dfrac{\dfrac{a^x+b^x+c^x}{3}-1}{x}=\dfrac{1}{3}\left(\lim\limits_{x \to 0}\dfrac{a^x-1}{x}+\lim\limits_{x \to 0}\dfrac{b^x-1}{x}+\lim\limits_{x \to 0}\dfrac{c^x-1}{x}\right)$$

$$=\dfrac{1}{3}\left(\lim\limits_{x \to 0}\dfrac{x\ln a}{x}+\lim\limits_{x \to 0}\dfrac{x\ln b}{x}+\lim\limits_{x \to 0}\dfrac{x\ln c}{x}\right)$$

$$=\dfrac{1}{3}(\ln a+\ln b+\ln c)=\ln\sqrt[3]{abc},$$

于是

$$\lim\limits_{x \to 0}\left(\dfrac{a^x+b^x+c^x}{3}\right)^{\frac{1}{x}}=\mathrm{e}^{\ln\sqrt[3]{abc}}=\sqrt[3]{abc}.$$

常规训练1.5

1.选择题

(1) $\lim\limits_{x \to 0^{-}}\dfrac{|\sin x|}{x}$（　　）.

A. 等于-1 　　　　 B. 等于1 　　　　 C. 等于0 　　　　 D. 不存在

(2) 当$x \to 0$时,$\sin x-\sin x\cos x$是x^2的（　　）.

A. 等价无穷小 　　　　　　　　 B. 非等价的同阶无穷小

C. 高阶无穷小 　　　　　　　　 D. 低阶无穷小

(3) 当$x \to 0^{+}$时,已知$x^2+3\sqrt{x}$是x的k阶无穷小,则$k=$（　　）.

A. 3 　　　　　 B. 2 　　　　　 C. 1 　　　　　 D. $\dfrac{1}{2}$

2.填空题

(1) 已知a为常数,且$\lim\limits_{x \to 0}(1+ax)^{\frac{2}{x}}=\mathrm{e}^{-1}$,则$a$的值为_____.

(2) 当$x \to 1$时,无穷小$x\ln x \sim$_____.

(3) 极限$\lim\limits_{x \to \infty}x(\mathrm{e}^{-\frac{2}{x}}-1)=$_____.

3.解答题

(1) 利用两个重要极限求下列极限:

①$\lim\limits_{x \to 1}\dfrac{\sin(2x-2)}{1-x}$;　　　　　　　　　②$\lim\limits_{x \to 0}\dfrac{2x+\sin x}{2x-\sin x}$;

③ $\lim\limits_{x \to x_0} \dfrac{\sin x - \sin x_0}{x - x_0}$（已知 x_0 为常数）；　　　④ $\lim\limits_{x \to 1}(x-1)\cot \pi x$；

⑤ $\lim\limits_{x \to \infty}\left(1 - \dfrac{1}{x}\right)^{2x}$；　　　　　　　　⑥ $\lim\limits_{x \to \infty}\left(\dfrac{x-3}{x-1}\right)^{1-2x}$；

⑦ $\lim\limits_{x \to 1}(2x-1)^{\frac{3}{x-1}}$；　　　　　　　　⑧ $\lim\limits_{x \to 0}(1 + \sin 2x)^{-\frac{1}{x}}$.

（2）利用等价无穷小的替换定理求下列极限：

① $\lim\limits_{x \to 0^-} \dfrac{\ln(1+2x)}{\sqrt{1-\cos x}}$；　　　　　　② $\lim\limits_{x \to 0} \dfrac{\mathrm{e}^x - \mathrm{e}^{-x}}{\arcsin x}$；

③ $\lim\limits_{x \to 0} \dfrac{\sqrt[3]{1 - 2x\sin x} - 1}{x \arctan x}$；　　　　　④ $\lim\limits_{x \to 1} \dfrac{\sqrt[3]{x} - 1}{\tan(x^2 - 1)}$.

常规训练 1.5 详解

1.6 函数的连续性与闭区间上连续函数的性质

1.6.1 判断函数连续性的常用方法

如果要判断函数 $f(x)$ 在点 x_0 处的连续性,可以利用函数 $f(x)$ 在点 x_0 处连续的定义、连续函数的运算定理或者利用如下的结论:函数 $f(x)$ 在点 x_0 处连续的充要条件是函数 $f(x)$ 在点 x_0 处既左连续又右连续;而对于分段函数的连续性的讨论,主要讨论分段点处的连续性,这也需要应用上述结论;另外对于讨论函数在某个区间上的连续性,经常会利用初等函数的连续性.

例 1.22 讨论函数 $f(x)=\begin{cases} \mathrm{e}^{\frac{1}{x}}, & x<0, \\ 0, & x=0, \\ \dfrac{\sin x}{x}-1, & x>0, \end{cases}$ 的连续性.

解 由初等函数的连续性知,当 $x<0$ 和 $x>0$ 时,$f(x)$ 连续. 又

$$\lim_{x\to 0^-} f(x) = \lim_{x\to 0^-} \mathrm{e}^{\frac{1}{x}} = 0, \ \lim_{x\to 0^+} f(x) = \lim_{x\to 0^+}\left(\frac{\sin x}{x}-1\right) = 0,$$

而 $f(0)=0$,所以 $f(x)$ 在 $x=0$ 也连续. 由此可得,对于 $\forall x\in \mathbf{R}$,$f(x)$ 均连续.

例 1.23 已知 $n\in \mathbf{Z}^+$,讨论函数 $f(x)=\lim\limits_{n\to\infty}\dfrac{1-x^{2n}}{1+x^{2n}}\cdot x^2$ 的连续性,若有间断点,指明其类型.

解 因为当 $|x|<1$ 时,$\lim\limits_{n\to\infty}x^{2n}=0$,所以 $f(x)=\lim\limits_{n\to\infty}\dfrac{1-x^{2n}}{1+x^{2n}}\cdot x^2 = x^2$;

当 $|x|>1$ 时,$\lim\limits_{n\to\infty}x^{-2n}=0$,所以 $f(x)=\lim\limits_{n\to\infty}\dfrac{x^{-2n}-1}{x^{-2n}+1}\cdot x^2 = -x^2$;

当 $|x|=1$ 时,$\lim\limits_{n\to\infty}x^{2n}=1$,所以 $f(x)=\lim\limits_{n\to\infty}\dfrac{1-x^{2n}}{1+x^{2n}}\cdot x^2 = 0$. 于是

$$f(x)=\begin{cases} x^2, & |x|<1, \\ 0, & |x|=1, \\ -x^2, & |x|>1. \end{cases}$$

因此,当 $|x|<1$ 和 $|x|>1$ 时,$f(x)$ 连续. 又因为

$$\lim_{x\to 1^-} f(x) = \lim_{x\to 1^-} x^2 = 1, \ \lim_{x\to 1^+} f(x) = \lim_{x\to 1^+}(-x^2) = -1,$$

$$\lim_{x\to -1^-} f(x) = \lim_{x\to -1^-}(-x^2) = -1, \ \lim_{x\to -1^+} f(x) = \lim_{x\to -1^+} x^2 = 1,$$

所以,$f(x)$ 在 $x=1$ 和 $x=-1$ 不连续,$x=1$ 和 $x=-1$ 都是 $f(x)$ 的第一类间断点,且为跳跃间断点.

例 1.24 设函数 $f(x)$ 与 $g(x)$ 在点 x_0 处连续,证明函数 $\max\{f(x),g(x)\}$,

$\min\{f(x),g(x)\}$ 在点 x_0 也连续.

证明　因为

$$\max\{f(x),g(x)\}=\frac{f(x)+g(x)+|f(x)-g(x)|}{2},$$

$$\min\{f(x),g(x)\}=\frac{f(x)+g(x)-|f(x)-g(x)|}{2},$$

且 $|f(x)-g(x)|=\sqrt{[f(x)-g(x)]^2}$，所以，由连续函数的运算定理知，函数 $\max\{f(x),g(x)\},\min\{f(x),g(x)\}$ 在点 x_0 也连续.

1.6.2　利用函数的连续性求极限

如果函数 $f(x)$ 在点 x_0 处连续，则利用函数在一点连续的定义可得，$f(x)$ 在点 x_0 处的极限就是 $f(x)$ 在点 x_0 处的函数值，即 $\lim\limits_{x\to x_0}f(x)=f(x_0)$.

利用复合函数的连续性定理又可得，求复合函数 $f(g(x))$ 的极限时，当 $f(u)$ 连续时，极限符号与函数符号可以交换次序，即 $\lim\limits_{x\to x_0}f(g(x))=f(\lim\limits_{x\to x_0}g(x))$.

例 1.25　利用函数的连续性，求下列极限：

(1) $\lim\limits_{x\to+\infty}\log_2(\sqrt{x^2+4x}-\sqrt{x^2-4x})$；

(2) $\lim\limits_{x\to+\infty}[\sin\ln(x+1)-\sin\ln x]$；

(3) $\lim\limits_{x\to 0^+}\cos\dfrac{\sqrt{1-\cos\sqrt{2}\,\pi x}}{x}$；

(4) $\lim\limits_{x\to\frac{\pi}{2}}(1-\cos x)^{2\tan x}$.

解　(1) 因为

$$\lim\limits_{x\to+\infty}(\sqrt{x^2+4x}-\sqrt{x^2-4x})=\lim\limits_{x\to+\infty}\frac{8x}{\sqrt{x^2+4x}+\sqrt{x^2-4x}}$$

$$=\lim\limits_{x\to+\infty}\frac{8}{\sqrt{1+\dfrac{4}{x}}+\sqrt{1-\dfrac{4}{x}}}=\frac{8}{1+1}=4,$$

所以 $\lim\limits_{x\to+\infty}\log_2(\sqrt{x^2+4x}-\sqrt{x^2-4x})$

$$=\log_2\Big[\lim\limits_{x\to+\infty}(\sqrt{x^2+4x}-\sqrt{x^2-4x})\Big]=\log_2 4=2.$$

(2) 因为

$$\sin\ln(x+1)-\sin\ln x=2\sin\frac{\ln(x+1)-\ln x}{2}\cos\frac{\ln(x+1)+\ln x}{2}$$

$$=2\sin\frac{\ln\Big(1+\dfrac{1}{x}\Big)}{2}\cos\frac{\ln x(x+1)}{2},$$

又因为 $\lim\limits_{x\to+\infty}\ln\Big(1+\dfrac{1}{x}\Big)=\ln\Big[\lim\limits_{x\to+\infty}\Big(1+\dfrac{1}{x}\Big)\Big]=0,\Big|\cos\dfrac{\ln x(x+1)}{2}\Big|\leqslant 1$，所以

$$\lim\limits_{x\to+\infty}[\sin\ln(x+1)-\sin\ln x]=\lim\limits_{x\to+\infty}2\sin\frac{\ln\Big(1+\dfrac{1}{x}\Big)}{2}\cos\frac{\ln x(x+1)}{2}=0.$$

(3) 因为当 $x \to 0^+$ 时，$1 - \cos \sqrt{2}\pi x \sim (\pi x)^2$，所以

$$\lim_{x \to 0^+} \cos \frac{\sqrt{1 - \cos \sqrt{2}\pi x}}{x} = \lim_{x \to 0^+} \cos \frac{\sqrt{(\pi x)^2}}{x} = \cos \lim_{x \to 0^+} \frac{\pi x}{x} = \cos \pi = -1.$$

(4) 因为当 $x \to \dfrac{\pi}{2}$ 时，$\ln(1 - \cos x) \sim -\cos x$，所以

$$\lim_{x \to \frac{\pi}{2}} (1 - \cos x)^{2\tan x} = \lim_{x \to \frac{\pi}{2}} e^{2\tan x \ln(1 - \cos x)} = e^{\lim\limits_{x \to \frac{\pi}{2}} 2\tan x \ln(1 - \cos x)}$$

$$= e^{\lim\limits_{x \to \frac{\pi}{2}} 2\tan x (-\cos x)} = e^{-2 \lim\limits_{x \to \frac{\pi}{2}} \sin x} = e^{-2}.$$

1.6.3　闭区间上连续函数的性质应用举例

在微积分及其应用教程 1.6.3 中，我们介绍了闭区间上连续函数的几个重要性质，并举例说明了这些性质的应用，下面再举两例加以说明.

例 1.26　证明关于 x 的方程 $x^3 + px^2 + qx + r = 0 (p, q, r$ 为常数) 至少有一个实根.

证明　设 $f(x) = x^3 + px^2 + qx + r$，则 $f(x) = x^3 \left(1 + \dfrac{p}{x} + \dfrac{q}{x^2} + \dfrac{r}{x^3}\right)$，因此 $\lim\limits_{x \to +\infty} f(x) = +\infty$，$\lim\limits_{x \to -\infty} f(x) = -\infty$，所以由函数极限的保号性知，分别存在 $b > 0$ 与 $a < 0$，使得 $f(b) > 0$，$f(a) < 0$.

又因为 $f(x)$ 在闭区间 $[a, b]$ 上连续，由零点定理，至少存在一点 $\xi \in [a, b]$ 使得 $f(\xi) = 0$，即原方程至少有一个实根.

注　一般可以证明：任何实系数奇数次多项式方程必有实根.

例 1.27　设函数 $f(x)$ 在闭区间 $[0, 1]$ 上连续，且 $f(0) = f(1)$. 证明在 $[0, 1]$ 上至少存在一点 ξ 使得 $f(\xi) = f\left(\xi + \dfrac{1}{n}\right)$，其中 $n \in \mathbf{Z}^+ (n \geqslant 2)$.

证明　令 $F(x) = f(x) - f\left(x + \dfrac{1}{n}\right)$，则 $F(x)$ 在 $\left[0, \dfrac{n-1}{n}\right]$ 上连续. 假设对 $\forall x \in \left[0, \dfrac{n-1}{n}\right]$，都有 $F(x) \neq 0$，则在 $\left[0, \dfrac{n-1}{n}\right]$ 上必有 $F(x) > 0$ 或 $F(x) < 0$，因此不妨设 $F(x) > 0$，于是当 x 分别取 $0, \dfrac{1}{n}, \dfrac{2}{n}, \cdots, \dfrac{n-1}{n}$ 时，就有

$$f(0) - f\left(\frac{1}{n}\right) = F(0) > 0, \quad f\left(\frac{1}{n}\right) - f\left(\frac{2}{n}\right) = F\left(\frac{1}{n}\right) > 0,$$

$$f\left(\frac{2}{n}\right) - f\left(\frac{3}{n}\right) = F\left(\frac{2}{n}\right) > 0, \cdots, f\left(\frac{n-1}{n}\right) - f(1) = F\left(\frac{n-1}{n}\right) > 0,$$

把以上不等式相加，得 $f(0) - f(1) > 0$，这与 $f(0) = f(1)$ 矛盾，所以存在 $\xi \in \left[0, \dfrac{n-1}{n}\right]$，使得 $F(\xi) = 0$，即在 $[0, 1]$ 上至少存在一点 ξ 使得

$$f(\xi) = f\left(\xi + \frac{1}{n}\right).$$

常规训练 1.6

1. 选择题

(1) 结论：①单调连续函数的反函数也是单调的连续函数；②基本初等函数在其定义域内都是连续的；③如果 $\lim\limits_{x \to x_0^-} f(x) = \lim\limits_{x \to x_0^+} f(x)$，则函数 $f(x)$ 在点 x_0 处连续. 其中正确的个数是（　　）.

A. 0　　　　　　B. 1　　　　　　C. 2　　　　　　D. 3

(2) 已知 $f(x) = \dfrac{1 - 2e^{\frac{1}{x}}}{1 + e^{\frac{1}{x}}}$，则 $x = 0$ 是 $f(x)$ 的（　　）.

A. 可去间断点　　B. 无穷间断点　　C. 跳跃间断点　　D. 振荡间断点

(3) 以下结论中，错误的是（　　）.

A. 在闭区间上连续的函数一定在该区间上有界

B. $\arctan x$ 在 $[0, +\infty)$ 上无最大值，最小值为零

C. $f(x)$ 在 (a, b) 内严格单调，则 $f(x)$ 在 (a, b) 内至多有一个零点

D. 因为 $\tan\dfrac{\pi}{3}\tan\dfrac{2\pi}{3} = -3 < 0$，所以 $\tan x$ 在 $\left(\dfrac{\pi}{3}, \dfrac{2\pi}{3}\right)$ 内有零点

2. 填空题

(1) 设 $f(x) = \begin{cases} a\cos x - 2a, & x \geqslant 0, \\ 1 - x^2, & x < 0, \end{cases}$ 在 $x = 0$ 连续，则常数 a 的值为 _____.

(2) 极限 $\lim\limits_{x \to 0} \sin\left(x + \dfrac{\sin \pi x}{2x}\right) =$ _____.

(3) 极限 $\lim\limits_{x \to 0}(1 + \sin x)^{\cot x}$ _____.

3. 解答题

(1) 证明函数 $f(x) = \begin{cases} x^2 \sin\dfrac{1}{x}, & x \neq 0, \\ 0, & x = 0 \end{cases}$ 在 $x = 0$ 处连续.

（2）求下列函数的间断点，并确定其所属的类型：

① $f(x) = \dfrac{x-1}{x^2-1}$；

② $f(x) = \dfrac{x}{|x|(x+1)}$；

③ $f(x) = \cos\dfrac{1}{\sqrt{x}}$；

④ $f(x) = \dfrac{x}{\sin x}$；

（3）证明方程 $\sin x = 1 - x$ 至少有一个小于 $\dfrac{\pi}{6}$ 的正根.

（4）设 $f(x)$ 在 $[a,b]$ 上连续，且 $f(a) \leqslant a$，$f(b) \geqslant b$，证明至少有一点 $\xi \in [a,b]$，使 $f(\xi) = \xi$.

常规训练 1.6 详解

第 2 章　一元函数微分学

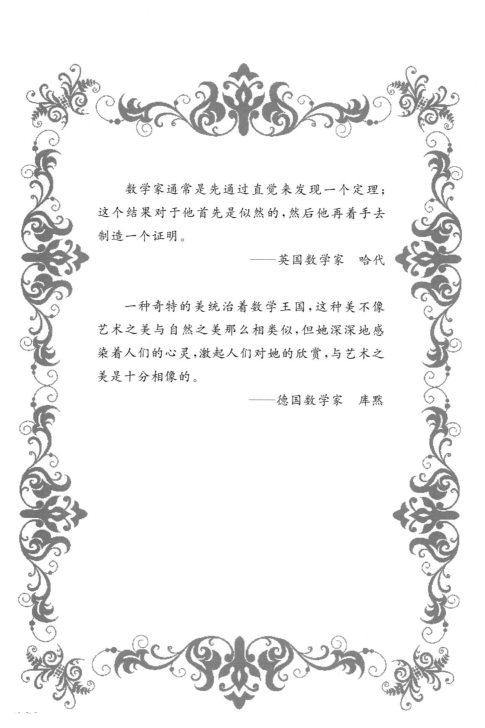

数学家通常是先通过直觉来发现一个定理；这个结果对于他首先是似然的，然后他再着手去制造一个证明。

——英国数学家　哈代

一种奇特的美统治着数学王国，这种美不像艺术之美与自然之美那么相类似，但她深深地感染着人们的心灵，激起人们对她的欣赏，与艺术之美是十分相像的。

——德国数学家　库默

 **学习导引**

高等数学中研究导数、微分及其应用的部分称为微分学,而在微积分及其应用教程第 3 章中将要研究的不定积分、定积分及其应用的部分称为积分学,微分学与积分学统称为微积分学.微积分学是高等数学最基本、最重要的组成部分,是现代数学许多分支的基础,是人类认识客观世界、探索宇宙奥秘以及研究人类自身的数学模型之一.

掌握导数与微分的概念,能熟练准确地运用导数与微分的基本公式、四则运算法则以及各类函数的导数与微分的运算法则或方法,理解微分中值定理并会简单应用,熟练掌握求函数未定式极限的洛比达法则,掌握运用导数的方法研究函数的单调性、函数的极值与最值以及平面曲线的凹凸性与曲率,并会解决一些与函数最值有关的简单实际问题将是本章学习的基本目标.

2.1 导数的概念

2.1.1 利用导数定义求函数的极限

我们知道利用导数的定义,可以求出某些简单函数的导数;反之,对于可导函数,也可以利用导数的定义求出它在某一点的极限,对此,在微积分及其应用教程 2.1.2 中已有举例,下面再举两例加以说明.

例 2.1 设函数 $f(x)$ 在点 x_0 处的导数 $f'(x_0)$ 存在,求下列极限:

(1) $\lim\limits_{x \to x_0} \dfrac{f(x) - f(x_0)}{\sqrt[3]{x} - \sqrt[3]{x_0}}$;

(2) $\lim\limits_{x \to x_0} \dfrac{x^2 f(x_0) - x_0^2 f(x)}{x - x_0}$.

解 (1) $\lim\limits_{x \to x_0} \dfrac{f(x) - f(x_0)}{\sqrt[3]{x} - \sqrt[3]{x_0}} = \lim\limits_{x \to x_0} \dfrac{[f(x) - f(x_0)](\sqrt[3]{x^2} + \sqrt[3]{xx_0} + \sqrt[3]{x_0^2})}{(\sqrt[3]{x} - \sqrt[3]{x_0})(\sqrt[3]{x^2} + \sqrt[3]{xx_0} + \sqrt[3]{x_0^2})}$

$$= \lim\limits_{x \to x_0} \dfrac{f(x) - f(x_0)}{x - x_0} \cdot \lim\limits_{x \to x_0} (\sqrt[3]{x^2} + \sqrt[3]{xx_0} + \sqrt[3]{x_0^2})$$

$$= 3 \sqrt[3]{x_0^2} f'(x_0).$$

(2) $\lim\limits_{x \to x_0} \dfrac{x^2 f(x_0) - x_0^2 f(x)}{x - x_0}$

$$= \lim\limits_{x \to x_0} \dfrac{[x^2 f(x_0) - x_0^2 f(x_0)] - [x_0^2 f(x) - x_0^2 f(x_0)]}{x - x_0}$$

$$= f(x_0) \lim\limits_{x \to x_0} (x + x_0) - x_0^2 \lim\limits_{x \to x_0} \dfrac{f(x) - f(x_0)}{x - x_0}$$

$$= 2x_0 f(x_0) - x_0^2 f'(x_0).$$

例 2.2　设 $f(0)=f'(0)=-1, g(1)=g'(1)=-2$，求下列极限：

(1) $\lim\limits_{x\to0}\dfrac{e^x f(x)+1}{x}$；

(2) $\lim\limits_{x\to1}\dfrac{\sqrt{x}g(x)+2}{x-1}$.

解　(1) $\lim\limits_{x\to0}\dfrac{e^x f(x)+1}{x}=\lim\limits_{x\to0}\dfrac{e^x f(x)+e^x-e^x+1}{x}$

$$=\lim\limits_{x\to0}e^x\cdot\lim\limits_{x\to0}\frac{f(x)-f(0)}{x-0}-\lim\limits_{x\to0}\frac{e^x-1}{x}$$

$$=1\cdot f'(0)-1=-1-1=-2.$$

(2) $\lim\limits_{x\to1}\dfrac{\sqrt{x}g(x)+2}{x-1}=\lim\limits_{x\to1}\dfrac{\sqrt{x}g(x)+2\sqrt{x}-2\sqrt{x}+2}{x-1}$

$$=\lim\limits_{x\to1}\sqrt{x}\cdot\lim\limits_{x\to1}\frac{g(x)-g(1)}{x-1}-2\lim\limits_{x\to1}\frac{\sqrt{x}-1}{x-1}$$

$$=1\cdot g'(1)-2\lim\limits_{x\to1}\frac{1}{\sqrt{x}+1}=-2-1=-3.$$

2.1.2　导数几何意义的应用

在微积分及其应用教程 2.1 中，我们已经知道导数的几何意义是经过曲线 $y=f(x)$ 上可导点处的切线斜率，因此我们利用导数求出切线方程和法线方程；另外可以利用函数图像研究函数的可导性，即通过观察函数图像上的某一点是否存在切线斜率来判断函数在该点是否可导.

例 2.3　过点 $(-1,-1)$ 作抛物线 $y=x^3$ 的切线，求此切线的方程.

解　由题可知，$y'=3x^2$，下面分两种情况讨论.

(1) 当点 $(-1,-1)$ 是切点时，切线的斜率为

$$k=y'\Big|_{x=-1}=3x^2\Big|_{x=-1}=3,$$

所以此时切线方程为

$$y+1=3(x+1),\text{即 } y=3x+2.$$

(2) 当点 $(-1,-1)$ 不是切点时，设切点为 (x_0,x_0^3)，因点 $(-1,-1)$ 与切点连线的斜率与所求切线的斜率相等，可得

$$\frac{x_0^3+1}{x_0+1}=3x_0^2,$$

解得 $x_0=\dfrac{1}{2}$，所以此时切线的斜率为 $\dfrac{3}{4}$，切点为 $\left(\dfrac{1}{2},\dfrac{1}{8}\right)$，于是切线方程为

$$y-\frac{1}{8}=\frac{3}{4}\left(x-\frac{1}{2}\right),\text{即 } 3x-4y-1=0.$$

例 2.4　利用函数图像判断函数 $y=\sqrt{1-x^2}$ 在定义域上的可导性.

解　显然已知函数的定义域为闭区间 $[-1,1]$，且它的图像是以原点为圆心，半径为 1

的上半圆,因此它在开区间$(-1,1)$都存在不垂直于x轴的切线,而在点$(-1,0)$和$(1,0)$处存在垂直于x轴的切线,所以可得函数$y=\sqrt{1-x^2}$在开区间$(-1,1)$内可导,在$x=-1$处不存在右导数,在$x=1$处不存在左导数.

2.1.3 导数的物理意义

由微积分及其应用教程 2.1.1 中的引例 1,可得导数的物理意义之一是,做变速直线运动的质点在时刻t的瞬时速度是它的位移函数$s=s(t)$在时刻t的导数,即$v(t)=s'(t)$.

因为函数的导数实质上是函数随着自变量变化而变化的快慢程度,即函数在点x处的变化率,因此,根据不同的物理问题,导数就会有各种不同的物理意义,下面再举两例加以说明.

设物体绕定轴旋转,其转角θ与时间t的函数关系为$\theta=\theta(t)$,如果旋转是匀速的,那么$\omega=\dfrac{\Delta\theta}{\Delta t}$(其中$\Delta\theta$为$\Delta t$时间内转过的角度)是常数,称为旋转的角速度.如果旋转是非匀速的,那么该物体在时刻t的角速度是它的转角函数$\theta=\theta(t)$在时刻t的导数,即$\omega(t)=\theta'(t)$.

设某物质吸收热量Q与温度T的函数关系为$Q=Q(T)$,如果物质吸收热量随温度均匀变化,那么$C=\dfrac{\Delta Q}{\Delta T}$(其中$\Delta Q$为当温度有改变量$\Delta T$时热量的改变量)是常数,称为比热.如果热量随温度的变化是非均匀的,那么在温度为T时的比热是它的吸热函数$Q=Q(T)$在温度T的导数,即$C(T)=Q'(T)$.

2.1.4 与函数的连续性和可导性有关的补充例题

例 2.5 已知函数$f(x)$在$x=-2$处连续,且$\lim\limits_{x\to-2}\dfrac{f(x)}{x^2-4}=4$,求$f'(-2)$.

解 因为$\lim\limits_{x\to-2}\dfrac{f(x)}{x^2-4}=4$,由函数极限与无穷小的关系得

$$\frac{f(x)}{x^2-4}=4+\alpha(x),$$

其中$\lim\limits_{x\to-2}\alpha(x)=0$,所以$f(x)=4(x^2-4)+\alpha(x)(x^2-4),f(-2)=0$.又由已知得

$$\lim_{x\to-2}\frac{f(x)}{x+2}\cdot\lim_{x\to-2}\frac{1}{x-2}=4,$$

从而$\lim\limits_{x\to-2}\dfrac{f(x)}{x+2}=-16$,于是

$$f'(-2)=\lim_{x\to-2}\frac{f(x)-f(-2)}{x-(-2)}=\lim_{x\to-2}\frac{f(x)}{x+2}=-16.$$

例 2.6 设$f(x)=|x^3-1|\varphi(x)$,其中$\varphi(x)$在$x=1$处连续,讨论$f(x)$在$x=1$处的可导性.

解　因为 $\varphi(x)$ 在 $x=1$ 处连续，所以 $\lim\limits_{x\to 1^-}\varphi(x)=\lim\limits_{x\to 1^+}\varphi(x)=\varphi(1)$，于是

$$f'_-(1)=\lim_{x\to 1^-}\frac{f(x)-f(1)}{x-1}=\lim_{x\to 1^-}\frac{|x^3-1|\varphi(x)}{x-1}$$

$$=\lim_{x\to 1^-}\frac{(1-x^3)\varphi(x)}{x-1}=-\lim_{x\to 1^-}(1+x+x^2)\cdot\lim_{x\to 1^-}\varphi(x)=-3\varphi(1),$$

$$f'_+(1)=\lim_{x\to 1^+}\frac{f(x)-f(1)}{x-1}=\lim_{x\to 1^+}\frac{|x^3-1|\varphi(x)}{x-1}$$

$$=\lim_{x\to 1^+}\frac{(x^3-1)\varphi(x)}{x-1}=\lim_{x\to 1^+}(x^2+x+1)\cdot\lim_{x\to 1^+}\varphi(x)=3\varphi(1).$$

因而，当 $\varphi(1)\ne 0$ 时，$f'_-(1)\ne f'_+(1)$，此时 $f(x)$ 在 $x=1$ 处不可导；当 $\varphi(1)=0$ 时，$f'_-(1)=f'_+(1)=0$，此时 $f(x)$ 在 $x=1$ 处可导，且 $f'(1)=0$.

例 2.7　设 $f(x)=\lim\limits_{n\to\infty}\dfrac{(x+1)^2 e^{nx}+a(x+1)+b}{1+e^{nx}}$ 在 $x=0$ 处可导，求常数 a,b 的值.

解　当 $x>0$ 时，$\lim\limits_{n\to\infty}e^{nx}=+\infty$，有 $f(x)=(x+1)^2$；当 $x<0$ 时，$\lim\limits_{n\to\infty}e^{nx}=0$，有 $f(x)=ax+a+b$；又 $x=0$ 时，$f(0)=\dfrac{a+b+1}{2}$，从而

$$f(x)=\begin{cases}ax+a+b, & x<0,\\[2mm]\dfrac{a+b+1}{2}, & x=0,\\[2mm](x+1)^2, & x>0,\end{cases}$$

由已知 $f(x)$ 在 $x=0$ 处连续，$\lim\limits_{x\to 0^-}f(x)=\lim\limits_{x\to 0^+}f(x)=f(0)$，得 $a+b=1$. 又有

$$f'_-(0)=\lim_{x\to 0^-}\frac{f(x)-f(0)}{x-0}=\lim_{x\to 0^-}\frac{ax+a+b-1}{x}=a,$$

$$f'_+(0)=\lim_{x\to 0^+}\frac{f(x)-f(0)}{x-0}=\lim_{x\to 0^+}\frac{(x+1)^2-1}{x}=2,$$

于是由 $f'_-(0)=f'_+(0)$ 得 $a=2,b=1-a=-1$.

常规训练 2.1

1. 选择题

(1) 已知 $f(x)$ 在点 x_0 处可导，则 $\lim\limits_{\Delta x\to 0}\dfrac{f(x_0-2\Delta x)-f(x_0)}{\Delta x}=($　　　$)$.

A. $2f'(x_0)$ 　　　　　B. $\dfrac{1}{2}f'(x_0)$ 　　　　　C. $-2f'(x_0)$ 　　　　　D. $-\dfrac{1}{2}f'(x_0)$

(2) 已知 $f(x)=\begin{cases}2x, & x\ge 0,\\ \sin x, & x<0,\end{cases}$ 则 $f'(0)($　　$)$

A. 等于 1 　　　　　B. 等于 2 　　　　　C. 等于 1 或 2 　　　　　D. 不存在

(3) 若 $f(x)$ 在点 $x=0$ 处可导，则 $|f(x)|$ 在点 $x=0$ 处$($　　$)$.

及其应用导学

A. 必可导　　　　　　　　　　B. 连续但不一定可导

C. 一定不可导　　　　　　　　D. 不一定连续

2. 填空题

(1) 设函数 $f(x)$ 在点 $x=0$ 处可导,且 $f(0)=0$,$\lim\limits_{x\to 0}\dfrac{f(-2x)}{x}=2$,则 $f'(0)=$ _____.

(2) 曲线 $y=\cos x$ 在点 $\left(\dfrac{\pi}{2},0\right)$ 处的法线方程是 _____.

(3) 设函数 $f(x)=\begin{cases} x^n\sin\dfrac{1}{x}, & x\neq 0, \\ 0, & x=0, \end{cases}$ $(n\in\mathbf{Z}^+)$ 在点 $x=0$ 处可导,则 n 的取值范围是 _____.

3. 解答题

(1) 设函数 $\varphi(x)$ 在点 $x=a$ 处连续,且 $f(x)=(x-a)\varphi(x)$,求 $f'(a)$.

(2) 设 $f(0)=0$,$f'(0)=-3$,求 $\lim\limits_{x\to 0}\dfrac{f(x)}{\sin 3x}$.

(3) 过点 $(0,-1)$ 作抛物线 $y=x^2$ 的切线,求此切线的方程.

(4) 已知函数 $f(x)=\begin{cases} \sin x, & x<0, \\ x, & x\geqslant 0, \end{cases}$ 求 $f'(x)$.

（5）讨论函数 $f(x)=x|x-1|$ 在点 $x=1$ 处的连续性与可导性.

（6）设函数 $f(x)=\begin{cases} \mathrm{e}^x, & x>1, \\ ax+b, & x\leqslant 1 \end{cases}$ 在点 $x=1$ 处可导，求常数 a,b 的值.

常规训练 2.1 详解

2.2　函数运算的求导法则

2.2.1　证明函数和、差与积的求导法则的推广

在微积分及其应用教程 2.2 中，我们给出了有限个函数和、差与积的求导法则：若有限个函数 $u_1(x),u_2(x),\cdots,u_n(x)$ 在点 x 处可导，则

（1）$[u_1(x)\pm u_2(x)\pm\cdots\pm u_n(x)]'=u'_1(x)\pm u'_2(x)\pm\cdots\pm u'_n(x)$；

（2）$[u_1(x)u_2(x)\cdots u_n(x)]'=u'_1(x)u_2(x)\cdots u_n(x)+u_1(x)u'_2(x)\cdots u_n(x)+\cdots+$
$$u_1(x)u_2(x)\cdots u'_n(x).$$

下面用数学归纳法给出证明.

证明　（1）显然当 $n=2$ 时，等式成立；假设
$$[u_1(x)\pm u_2(x)\pm\cdots\pm u_{n-1}(x)]'=u'_1(x)\pm u'_2(x)\pm\cdots\pm u'_{n-1}(x)；$$
则由 $n=2$ 时的等式与归纳假设，可得
$$[u_1(x)\pm u_2(x)\pm\cdots\pm u_{n-1}(x)\pm u_n(x)]'=[u_1(x)\pm u_2(x)\pm\cdots\pm u_{n-1}(x)]'\pm u'_n(x)$$
$$=u'_1(x)\pm u'_2(x)\pm\cdots\pm u'_{n-1}(x)\pm u'_n(x).$$

（2）显然当 $n=2$ 时，等式成立；假设
$$[u_1(x)u_2(x)\cdots u_{n-1}(x)]'=u'_1(x)u_2(x)\cdots u_{n-1}(x)+u_1(x)u'_2(x)\cdots u_{n-1}(x)+\cdots+$$
$$u_1(x)u_2(x)\cdots u'_{n-1}(x)；$$
则由 $n=2$ 时的等式与归纳假设，可得
$$[u_1(x)u_2(x)\cdots u_{n-1}(x)u_n(x)]'$$
$$=[u_1(x)u_2(x)\cdots u_{n-1}(x)]'u_n(x)+u_1(x)u_2(x)\cdots u_{n-1}(x)u'_n(x)$$

$$=u'_1(x)u_2(x)\cdots u_n(x)+u_1(x)u'_2(x)\cdots u_n(x)+\cdots+u_1(x)u_2(x)\cdots u'_n(x).$$

2.2.2 运用函数运算的求导法则计算导数的几点说明

(1) 对于某些由简单函数乘积构成的函数,利用导数定义求导数值比利用积的求导法则求导数值更简捷,而合理利用积的求导法则也能使解题过程变得简洁明快.

例 2.8 已知 $f(x)=x(x-1)(x-2)\cdots(x-n)(n\in \mathbf{Z}^+)$,求 $f'(0)$.

解法 1 利用导数的定义,可得

$$f'(0)=\lim_{x\to 0}\frac{f(x)-f(0)}{x-0}=\lim_{x\to 0}\big[(x-1)(x-2)\cdots(x-n)\big]$$
$$=(-1)(-2)\cdots(-n)=(-1)^n n!.$$

解法 2 利用积的求导法则,可得

$$f'(x)=x'(x-1)(x-2)\cdots(x-n)+x(x-1)'(x-2)\cdots(x-n)+x(x-1)(x-2)\cdots(x-n)'$$
$$=(x-1)(x-2)\cdots(x-n)+x(x-2)\cdots(x-n)+x(x-1)(x-2)\cdots(x-n+1),$$

所以 $f'(0)=(-1)(-2)\cdots(-n)=(-1)^n n!.$

解法 3 设 $g(x)=(x-1)(x-2)\cdots(x-n)$,则 $f(x)=xg(x)$,于是

$$f'(x)=\big[xg(x)\big]'=g(x)+xg'(x),\quad f'(0)=g(0)=(-1)^n n!.$$

(2) 对于某些已知条件为连续的函数,不能用函数运算的求导法则求导,而应该用导数的定义求导.

例 2.9 已知函数 $g(x)$ 在 $x=a$ 处可导,且 $g(a)=0$,函数 $\varphi(x)$ 在点 $x=a$ 处连续,设 $f(x)=g(x)\varphi(x)$,求 $f'(a)$.

错解 因为 $f'(x)=g'(x)\varphi(x)+g(x)\varphi'(x),g(a)=0$,于是

$$f'(a)=g'(a)\varphi(a)+g(a)\varphi'(a)=g'(a)\varphi(a).$$

因已知函数 $\varphi(x)$ 在点 $x=a$ 处连续,所以 $\varphi(x)$ 在点 $x=a$ 处不一定可导.

解 利用导数的定义与函数连续的定义,可得

$$f'(a)=\lim_{x\to a}\frac{f(x)-f(a)}{x-a}=\lim_{x\to a}\frac{g(x)\varphi(x)-g(a)\varphi(a)}{x-a}$$
$$=\lim_{x\to a}\frac{g(x)\varphi(x)}{x-a}=\lim_{x\to a}\frac{g(x)-g(a)}{x-a}\lim_{x\to a}\varphi(x)=g'(a)\varphi(a).$$

(3) 在利用函数运算的求导法则之前,应该先对欲求导的函数进行化简,这样可以简化求导过程.

例 2.10 求下列函数的导数:

(1) $y=\dfrac{\sqrt{1+x}-\sqrt{1-x}}{\sqrt{1+x}+\sqrt{1-x}}$;

(2) $y=\ln\dfrac{\sqrt{2x+1}\,(x-2)^3}{\mathrm{e}^{2x}\sqrt[3]{3x+2}}$.

解 (1) 分母有理化化简得 $y=\dfrac{1-\sqrt{1-x^2}}{x}$,则

$$y' = \frac{1}{x^2}\left[-\frac{2x}{2\sqrt{1-x^2}} \cdot x - (1-\sqrt{1-x^2})\right]$$

$$= \frac{1}{\sqrt{1-x^2}} - \frac{1}{1+\sqrt{1-x^2}} = \frac{1}{\sqrt{1-x^2}+1-x^2}.$$

（2）由对数运算法则，得 $y = \frac{1}{2}\ln(2x+1) + 3\ln(x-2) - 2x - \frac{1}{3}\ln(3x+2)$，则

$$y' = \frac{1}{2} \cdot \frac{2}{2x+1} + \frac{3}{x-2} - 2 - \frac{1}{3} \cdot \frac{3}{3x+2} = \frac{1}{2x+1} + \frac{3}{x-2} - \frac{1}{3x+2} - 2.$$

2.2.3　利用函数运算的求导法则计算导数的补充举例

本书 2.1 的例 2.1 的（2）的另一种解法如下：

$$\lim_{x \to x_0} \frac{x^2 f(x_0) - x_0^2 f(x)}{x - x_0} = -\lim_{x \to x_0} x^2 x_0^2 \cdot \lim_{x \to x_0} \frac{\frac{f(x)}{x^2} - \frac{f(x_0)}{x_0^2}}{x - x_0} = -x_0^4 \left[\frac{f(x)}{x^2}\right]' \Big|_{x=x_0}$$

$$= -x_0^4 \cdot \frac{x_0^2 f'(x_0) - 2x_0 f(x_0)}{x_0^4} = 2x_0 f(x_0) - x_0^2 f'(x_0).$$

例 2.11　求函数 $y = \arcsin\dfrac{2t}{1+t^2}$ 的导数．

解　$y' = \dfrac{1}{\sqrt{1 - \left(\dfrac{2t}{1+t^2}\right)^2}} \cdot \dfrac{2(1+t^2) - 2t \cdot 2t}{(1+t^2)^2} = \dfrac{2(1-t^2)}{(1+t^2)\sqrt{(1-t^2)^2}}$

$$= \begin{cases} \dfrac{2}{1+t^2}, & |t| < 1, \\[3mm] -\dfrac{2}{1+t^2}, & |t| > 1. \end{cases}$$

注　导函数的最后结果应根据自变量的取值范围进行化简．

例 2.12　设 $f(x) = \begin{cases} \dfrac{x}{2} + x^3\sin\dfrac{1}{x}, & x \neq 0, \\[3mm] 0, & x = 0, \end{cases}$ 试讨论 $f'(x)$ 在 $x = 0$ 的连续性．

解　当 $x \neq 0$ 时，

$$f'(x) = \frac{1}{2} + 3x^2\sin\frac{1}{x} - x\cos\frac{1}{x},$$

当 $x = 0$ 时，

$$f'(0) = \lim_{x \to 0} \frac{f(x) - f(0)}{x - 0} = \lim_{x \to 0}\left(\frac{1}{2} + x^2\sin\frac{1}{x}\right) = \frac{1}{2}.$$

从而

$$f'(x) = \begin{cases} \dfrac{1}{2} + 3x^2\sin\dfrac{1}{x} - x\cos\dfrac{1}{x}, & x \neq 0, \\[3mm] \dfrac{1}{2}, & x = 0. \end{cases}$$

由

$$\lim_{x\to 0} f'(x) = \lim_{x\to 0}\left(\frac{1}{2} + 3x^2\sin\frac{1}{x} - x\cos\frac{1}{x}\right) = \frac{1}{2} = f'(0),$$

知 $f'(x)$ 在 $x=0$ 处连续.

例 2.13 设函数 $f(x)$ 可导,求下列函数的导数:

(1) $y = f(\sin^2 x) + f(\cos^2 x)$;　　　　(2) $y = f(f(x^2) + e^{f(x)})$.

解　(1) $y' = f'(\sin^2 x)\cdot 2\sin x\cos x + f'(\cos^2 x)\cdot 2\cos x(-\sin x)$

$= \sin 2x[f'(\sin^2 x) - f'(\cos^2 x)]$.

(2) $y' = f'(f(x^2) + e^{f(x)})[2xf'(x^2) + e^{f(x)}f'(x)]$.

例 2.14 设 $y = f\left(\dfrac{3x-2}{3x+2}\right)$, $f'(x) = \arcsin x^2$, 求 $\dfrac{dy}{dx}\Big|_{x=0}$.

解　设 $u = \dfrac{3x-2}{3x+2}$, 当 $x=0$ 时,则 $u=-1$,于是

$$\frac{dy}{dx} = f'(u)\frac{du}{dx} = \arcsin u^2 \cdot \frac{12}{(3x+2)^2},$$

从而

$$\frac{dy}{dx}\Big|_{x=0} = \arcsin u^2\Big|_{u=-1}\cdot\frac{12}{(3x+2)^2}\Big|_{x=0} = \frac{\pi}{2}\cdot 3 = \frac{3\pi}{2}.$$

常规训练2.2

1.选择题

(1) 下列计算中错误的是( ).

A. $(\sin x\cos x)' = \cos 2x$　　　　　　B. $(\ln 2x)' = \dfrac{1}{x}$

C. $\left(\dfrac{1}{x}\right)' = -\dfrac{1}{x^2}$　　　　　　　D. $(\sqrt{x})' = \dfrac{1}{\sqrt{x}}$

(2) 在 $f(x)$ 和 $g(x)$ 的定义域上的某点 x_0 处,下面说法正确的是( ).

A. 若 $f(x), g(x)$ 都不可导,则 $f(x)+g(x)$ 必不可导

B. 若 $f(x), g(x)$ 都不可导,则 $f(x)g(x)$ 可能可导

C. 若 $f(x)g(x)$ 可导,则 $f(x), g(x)$ 都可导

D. 若 $f(x)+g(x)$ 可导,则 $f(x), g(x)$ 都可导

(3) 设函数 $y = f(u)$ 可导,则 $[f(e^{2x})]'$ 等于( ).

A. $2e^{2x}f'(e^{2x})$　　B. $e^{2x}f'(e^{2x})$　　C. $2f'(e^{2x})$　　D. $f'(e^{2x})$

2.填空题

(1) 已知函数 $f(x) = x(x+1)(x+2)(x+3)$,则 $f'(0) = $ _____.

(2) 设 $f(x)$ 是可导函数,则 $f(\ln x)\ln f(x)$ 的导数是 _____.

（3）设 $y = f(x)$ 是 $x = \varphi(y)$ 的反函数，且 $f(2) = 4$，$f'(2) = 3$，$f'(4) = 2$，则 $\varphi'(4) = $ ___．

3. 解答题

（1）求下列函数的导数：

① $y = 3\sqrt[3]{x}\sqrt{x} + 3\ln x - \dfrac{1}{x^2}$；

② $y = e^x \sin x + \sin \pi$；

③ $y = \dfrac{1 - 2x^2 + 3x^4}{x}$；

④ $y = \dfrac{\arctan x}{\tan x}$．

（2）求下列函数的导数：

① $y = x^2 \sin \dfrac{1}{x}$；

② $y = \dfrac{x}{\sqrt{1 + x^2}}$；

③ $y = \ln\sec e^x$；

④ $y = \arcsin \sqrt{1 - x^2}$．

（3）设 $f(1 - 2x) = x e^{-x}$，且 $f(x)$ 可导，求 $f'(x)$．

(4) 设 $g(x)=\begin{cases} x^2\cos\dfrac{1}{x}, & x\neq 0, \\ 0, & x=0, \end{cases}$ 且 $f(x)$ 在 $x=0$ 处可导,求 $\dfrac{\mathrm{d}}{\mathrm{d}x}f[g(x)]\Big|_{x=0}$.

常规训练 2.2 详解

2.3 隐函数的导数和由参数方程确定的函数的导数

2.3.1 对隐函数求导法的两点说明

(1) 对于由方程 $F(x,y)=0$ 所确定的函数 $y=y(x)$,当把它看成 x 是 y 的函数 $x=x(y)$ 较简单时,可以先求出 $\dfrac{\mathrm{d}x}{\mathrm{d}y}$,再利用反函数的求导法则求出 $\dfrac{\mathrm{d}y}{\mathrm{d}x}$.

例 2.15 求方程 $y\sin(xy^2)-\cos(x-y)=0$ 所确定的隐函数 $y=y(x)$ 的导数.

解 方程两边对 y 求导,得

$$\sin(xy^2)+y\cos(xy^2)\left(y^2\frac{\mathrm{d}x}{\mathrm{d}y}+2xy\right)+\sin(x-y)\left(\frac{\mathrm{d}x}{\mathrm{d}y}-1\right)=0,$$

解得

$$\frac{\mathrm{d}x}{\mathrm{d}y}=\frac{\sin(x-y)-\sin(xy^2)-2xy^2\cos(xy^2)}{y^3\cos(xy^2)+\sin(x-y)},$$

所以

$$\frac{\mathrm{d}y}{\mathrm{d}x}=\frac{1}{\dfrac{\mathrm{d}x}{\mathrm{d}y}}=\frac{y^3\cos(xy^2)+\sin(x-y)}{\sin(x-y)-\sin(xy^2)-2xy^2\cos(xy^2)}.$$

(2) 在求隐函数的导数值 $\dfrac{\mathrm{d}y}{\mathrm{d}x}\Big|_{x=x_0}$ 时,方程 $F(x,y)=0$ 对 x 求导后,不必将 $\dfrac{\mathrm{d}y}{\mathrm{d}x}$ 解出,而是可以先将 $x=x_0$ 及对应 y 的值代入,得到关于 $\dfrac{\mathrm{d}y}{\mathrm{d}x}\Big|_{x=x_0}$ 的数值系数的一次方程,再求 $\dfrac{\mathrm{d}y}{\mathrm{d}x}\Big|_{x=x_0}$ 比较简单.

例 2.16 已知 $y=y(x)$ 由方程 $\arccos(x+2)^{-\frac{1}{2}}+\mathrm{e}^y\sin x=\arctan y$ 确定,求 $y'(0)$.

解 由已知方程知,当 $x=0$ 时,$y=1$.方程两边对 x 求导,得

$$-\frac{1}{\sqrt{1-(x+2)^{-1}}}\cdot\left[-\frac{1}{2}(x+2)^{-\frac{3}{2}}\right]+\mathrm{e}^y y'\sin x+\mathrm{e}^y\cos x=\frac{1}{1+y^2}y',$$

把 $x=0, y=1$ 代入上式,得 $\frac{1}{4}+\mathrm{e}=\frac{1}{2}y'(0)$,所以 $y'(0)=\frac{1}{2}+2\mathrm{e}$.

2.3.2　对由参数方程所确定的函数的求导法的一点说明

由参数方程所确定的函数中,若参数方程是关于 t,x 或 t,y 的二元方程 $F(t,x)=0$ 或 $F(t,y)=0$,应先用隐函数的求导法求出 $\frac{\mathrm{d}x}{\mathrm{d}t}$ 或 $\frac{\mathrm{d}y}{\mathrm{d}t}$,再利用由参数方程所确定的函数的求导公式求出 $\frac{\mathrm{d}y}{\mathrm{d}x}$.

例 2.17　设 $y=y(x)$ 是由方程组 $\begin{cases} x=t^2-\ln t, \\ y=\mathrm{e}^t-t\mathrm{e}^y \end{cases}$ 所确定的函数,求 $\frac{\mathrm{d}y}{\mathrm{d}x}$.

解　由 $x=t^2-\ln t$ 得 $\frac{\mathrm{d}x}{\mathrm{d}t}=\frac{2t^2-1}{t}$. 在方程 $y=\mathrm{e}^t-t\mathrm{e}^y$ 两边对 t 求导得 $\frac{\mathrm{d}y}{\mathrm{d}t}=\mathrm{e}^t-\mathrm{e}^y-t\mathrm{e}^y\frac{\mathrm{d}y}{\mathrm{d}t}$,

解得 $\frac{\mathrm{d}y}{\mathrm{d}t}=\frac{\mathrm{e}^t-\mathrm{e}^y}{1+t\mathrm{e}^y}$,于是

$$\frac{\mathrm{d}y}{\mathrm{d}x}=\frac{\frac{\mathrm{d}y}{\mathrm{d}t}}{\frac{\mathrm{d}x}{\mathrm{d}t}}=\frac{\frac{\mathrm{e}^t-\mathrm{e}^y}{1+t\mathrm{e}^y}}{\frac{2t^2-1}{t}}=\frac{t(\mathrm{e}^t-\mathrm{e}^y)}{(2t^2-1)(1+t\mathrm{e}^y)}.$$

2.3.3　对对数求导法的几点说明

(1) 当对数求导法用于求多个函数积与商的导数时,因为在 $y=f(x)$ 两边取对数,应保证 $y>0$,因此可以在 $y=f(x)$ 两边取绝对值后再取对数.

例 2.18　已知 $y=\frac{(x+3)^2\sqrt[3]{x-3}}{(x-2)^3\sqrt{4-x}}$,求 y'.

解　因为 $|y|=\frac{|x+3|^2\sqrt[3]{|x-3|}}{|x-2|^3\sqrt{|4-x|}}$,再两边取对数并化简,得

$$\ln|y|=2\ln|x+3|+\frac{1}{3}\ln|x-3|-3\ln|x-2|-\frac{1}{2}\ln|4-x|,$$

在上述方程两边对 x 求导,有

$$\frac{1}{y}\cdot y'=\frac{2}{x+3}+\frac{1}{3(x-3)}-\frac{3}{x-2}+\frac{1}{2(4-x)},$$

所以

$$y'=y\left[\frac{2}{x+3}+\frac{1}{3(x-3)}-\frac{3}{x-2}+\frac{1}{2(4-x)}\right]$$

$$=\frac{(x+3)^2\sqrt[3]{x-3}}{(x-2)^3\sqrt{4-x}}\left[\frac{2}{x+3}+\frac{1}{3(x-3)}-\frac{3}{x-2}+\frac{1}{2(4-x)}\right].$$

(2) 当函数 y 是幂指函数或多个函数积与商的代数和时,应分别对 y 的每一项的函数

利用对数求导法,再求这些函数的导数的代数和.

例 2.19 已知 $y=x^{\tan x}+\sqrt{x\ln x\sqrt{1-\sin x}}$,求 y'.

解 设 $y_1=x^{\tan x}$,两边取对数得 $\ln y_1=\tan x\ln x$,再在上式两边对 x 求导,可得

$$\frac{1}{y_1}\cdot y'_1=\sec^2 x\ln x+\tan x\cdot\frac{1}{x},$$

所以
$$y'_1=x^{\tan x}\left(\sec^2 x\ln x+\frac{\tan x}{x}\right).$$

设 $y_2=\sqrt{x\ln x\sqrt{1-\sin x}}$,两边取对数得

$$\ln y_2=\frac{1}{2}\ln x+\frac{1}{2}\ln\ln x+\frac{1}{4}\ln(1-\sin x),$$

再在上式两边对 x 求导,可得

$$\frac{1}{y_2}\cdot y'_2=\frac{1}{2x}+\frac{1}{2\ln x}\cdot\frac{1}{x}+\frac{1}{4(1-\sin x)}\cdot(-\cos x),$$

所以

$$y'_2=\sqrt{x\ln x\sqrt{1-\sin x}}\left[\frac{1}{2x}+\frac{1}{2x\ln x}-\frac{\cos x}{4(1-\sin x)}\right].$$

于是

$$y'=y'_1+y'_2$$
$$=x^{\tan x}\left(\sec^2 x\ln x+\frac{\tan x}{x}\right)+\sqrt{x\ln x\sqrt{1-\sin x}}\left[\frac{1}{2x}+\frac{1}{2x\ln x}-\frac{\cos x}{4(1-\sin x)}\right].$$

(3) 对于求幂指函数或由多个函数积与商构成的函数的导数,除了利用对数求导法以外,还可以利用对数恒等式 $[u(x)]^{v(x)}=e^{v(x)\ln u(x)}$ $(u(x)>0)$ 求导.

例 2.20 已知 $y=(\sin x)^{\cos x}$,求 y'.

解 因为 $y=e^{\cos x\ln\sin x}$,所以

$$y'=e^{\cos x\ln\sin x}\left(-\sin x\ln\sin x+\cos x\frac{\cos x}{\sin x}\right)$$
$$=(\sin x)^{\cos x}(\cos x\cot x-\sin x\ln\sin x).$$

例 2.21 求方程 $(\tan y)^x=x^{\sin y}$ 所确定的隐函数 $y=y(x)$ 的导数.

解 由已知方程得 $e^{x\ln\tan y}=e^{\sin y\ln x}$,在上述方程两边对 x 求导,有

$$e^{x\ln\tan y}\left(\ln\tan y+x\frac{\sec^2 y}{\tan y}y'\right)=e^{\sin y\ln x}\left(y'\cos y\ln x+\frac{\sin y}{x}\right),$$

解得

$$y'=\frac{\sin y-x\ln\tan y}{x^2\sec^2 y\cot y-x\cos y\ln x}.$$

例 2.22 已知 $x^y+y^x=3$,求 $y'(1)$.

解 由已知方程得 $e^{y\ln x}+e^{x\ln y}=3$,在上述方程两边对 x 求导,有

$$e^{y\ln x}\left(y'\ln x+\frac{y}{x}\right)+e^{x\ln y}\left(\ln y+\frac{x}{y}y'\right)=0,$$

而当 $x=1$ 时,由已知方程得 $y=2$. 在上式中令 $x=1,y=2$,则有 $2+2\ln2+y'(1)=0$,于是 $y'(1)=-2\ln2-2$.

例 2.23 已知 $y(x^{\cos y}+x)=e^y$,求 y'.

解 由已知方程得 $y(e^{\cos y\ln x}+x)=e^y$,在上述方程两边对 x 求导,有

$$y'(e^{\cos y\ln x}+x)+y\left[e^{\cos y\ln x}\left(-y'\sin y\ln x+\frac{\cos y}{x}\right)+1\right]=e^yy',$$

解得

$$y'=\frac{x^{\cos y-1}y\cos y+y}{e^y+x^{\cos y}y\sin y\ln x-x^{\cos y}-x}.$$

✎ 常规训练 2.3

1. 选择题

(1) 已知函数 $y=x^x(x>0)$,则 y' 等于(　　　).

A. $x^x\ln x$ 　　　　　　　　　　　　　B. $x^x(\ln x+1)$

C. $x\cdot x^{x-1}$ 　　　　　　　　　　　D. $x^{x-1}(\ln x+1)$

(2) 设 $y=y(x)$ 是由方程 $e^y+xy=e$ 所确定的隐函数,则 $y'(0)=$(　　　).

A. e 　　　　　　B. $-e$ 　　　　　　C. e^{-1} 　　　　　　D. $-e^{-1}$

(3) 曲线 $\begin{cases}x=e^{-t},\\ y=\sin t\end{cases}$ 在 $t=0$ 处的切线的斜率为(　　　).

A. -1 　　　　　B. 0 　　　　　　C. 1 　　　　　　D. 不存在

2. 填空题

(1) 已知 $y=y(x)$ 是由方程 $x=y^2-\ln y+2y$ 所确定的隐函数,则 y' 等于＿＿＿＿.

(2) 设 $y=\sqrt{\dfrac{x(x-1)}{x+1}}\,(x>1)$,则 y' 等于＿＿＿＿.

(3) 设 $y=y(x)$ 是由方程组 $\begin{cases}x^2+xt=2,\\ y=t^2\end{cases}$ 所确定的函数,则 $\left.\dfrac{\mathrm{d}y}{\mathrm{d}x}\right|_{t=1}=$＿＿＿＿.

3. 解答题

(1) 求由下列方程所确定的隐函数 $y=y(x)$ 的导数:

① $y = 1 + x \mathrm{e}^{xy}$; ② $\mathrm{e}^{x+y} + \cos(xy) = 0$;

③ $\sin(x+y) + y^2 - x^2 = 0$; ④ $\operatorname{arccot} \dfrac{y}{x} = \ln \sqrt{x^2 + y^2}$.

(2) 利用对数求导法,求下列函数的导数:

① $y = \left(1 + \dfrac{1}{x}\right)^x$; ② $y = \dfrac{x \sqrt{x+1}}{(x+2)^2}$;

③ 已知 $y = y(x)$ 由方程 $x^y = y^x$ 所确定求 y'.

(3) 求下列参数方程所确定的函数的导数 $\dfrac{\mathrm{d}y}{\mathrm{d}x}$:

① $\begin{cases} x = \mathrm{e}^t \sin t, \\ y = \mathrm{e}^t \cos t; \end{cases}$ ② $\begin{cases} x = \ln(1+t^2), \\ y = t - \arctan t. \end{cases}$

　　（4）一圆锥形容器，深 10m，上顶圆半径为 4m，往容器中注入水，其速率为 5m³/min. 当水面半径为 2m 时，其表面半径增大的速率为多少？

常规训练 2.3 详解

2.4　高阶导数

2.4.1　求 n 阶导数的莱布尼兹公式的证明

　　在微积分及其应用教程 2.4 中给出了求两个函数积的 n 阶导数的莱布尼兹公式：如果函数 $u=u(x)$ 及 $v=v(x)$ 都有 n 阶导数，则

$$(uv)^{(n)} = \sum_{k=0}^{n} C_n^k u^{(n-k)} v^{(k)},$$

其中，$C_n^k = \dfrac{n!}{k!(n-k)!}$，$u^{(0)}=u$，$v^{(0)}=v$.

　　下面用数学归纳法给出完整的证明.

　　首先由两个函数积的求导法则知，当 $n=1$ 时公式成立；假设当 $n=m$ 时公式成立，即 $(uv)^{(m)} = \sum_{k=0}^{m} C_m^k u^{(m-k)} v^{(k)}$，则当 $n=m+1$ 时，也即对上式再求一次导数，有

$$(uv)^{(m+1)} = \left[(uv)^{(m)}\right]' = \sum_{k=0}^{m} \left[C_m^k u^{(m-k)} v^{(k)}\right]'$$

$$= \sum_{k=0}^{m} C_m^k \left[u^{(m-k+1)} v^{(k)} + u^{(m-k)} v^{(k+1)}\right]$$

$$= \sum_{k=0}^{m} C_m^k u^{(m-k+1)} v^{(k)} + \sum_{k=0}^{m} C_m^k u^{(m-k)} v^{(k+1)}.$$

在最后的两个和式中含有许多同类项，为了表示成一个和式而合并它们，我们在第二个和式中以 $k-1$ 代替 k，于是 k 就从 1 取到 $m+1$，而第二个和式也就变成：

$$\sum_{k=1}^{m+1} C_m^{k-1} u^{(m-k+1)} v^{(k)},$$

从而

$$(uv)^{(m+1)} = \sum_{k=0}^{m} C_m^k u^{(m-k+1)} v^{(k)} + \sum_{k=1}^{m+1} C_m^{k-1} u^{(m-k+1)} v^{(k)}$$

$$= u^{(m+1)} v^{(0)} + \sum_{k=1}^{m} (C_m^k + C_m^{k-1}) u^{(m-k+1)} v^{(k)} + u^{(0)} v^{(m+1)},$$

这里利用了 $C_m^0 = C_m^m = 1$,并将 u, v 分别记为 $u^{(0)}, v^{(0)}$. 因为

$$C_m^k + C_m^{k-1} = \frac{m(m-1)\cdots(m-k+1)}{k!} + \frac{m(m-1)\cdots(m-k+2)}{(k-1)!}$$

$$= \frac{(m+1)m(m-1)\cdots[(m+1)-k+1]}{k!} = C_{m+1}^k,$$

所以最后得到

$$(uv)^{(m+1)} = u^{(m+1)} v^{(0)} + \sum_{k=1}^{m} C_{m+1}^k u^{(m-k+1)} v^{(k)} + u^{(0)} v^{(m+1)}$$

$$= \sum_{k=0}^{m+1} C_{m+1}^k u^{(m-k+1)} v^{(k)},$$

于是当 $n = m+1$ 时公式成立.

2.4.2 求 n 阶导数的常用方法

1. 不完全归纳法

先求出函数的前几阶的导数,通过找规律得到它的 n 阶导数的表达式.

例 2.24 已知 $y = x^2 e^x$,求 $y^{(n)}$.

解 因为

$$y' = 2x e^x + x^2 e^x = (2x + x^2) e^x,$$

$$y'' = (2+2x) e^x + (2x + x^2) e^x = (2 + 4x + x^2) e^x,$$

$$y''' = (4+2x) e^x + (2 + 4x + x^2) e^x = (6 + 6x + x^2) e^x, \cdots,$$

所以一般地,有
$$y^{(n)} = [n(n-1) + 2nx + x^2] e^x.$$

例 2.25 已知 $y = x^{n-1} e^{\frac{1}{x}} (n \in \mathbf{Z}^+)$,求 $y^{(n)}$.

解 因为当 $n = 1$ 时,$y = e^{\frac{1}{x}}$,所以 $y' = -\frac{1}{x^2} e^{\frac{1}{x}}$;当 $n = 2$ 时,$y = x e^{\frac{1}{x}}$,所以

$$y' = e^{\frac{1}{x}} - \frac{1}{x} e^{\frac{1}{x}}, \quad y'' = -\frac{1}{x^2} e^{\frac{1}{x}} + \frac{1}{x^2} e^{\frac{1}{x}} + \frac{1}{x^3} e^{\frac{1}{x}} = \frac{1}{x^3} e^{\frac{1}{x}};$$

当 $n = 3$ 时,$y = x^2 e^{\frac{1}{x}}$,所以

$$y' = 2x e^{\frac{1}{x}} - e^{\frac{1}{x}}, \quad y'' = 2 e^{\frac{1}{x}} - \frac{2}{x} e^{\frac{1}{x}} + \frac{1}{x^2} e^{\frac{1}{x}},$$

$$y''' = -\frac{2}{x^2} e^{\frac{1}{x}} + \frac{2}{x^2} e^{\frac{1}{x}} + \frac{2}{x^3} e^{\frac{1}{x}} - \frac{2}{x^3} e^{\frac{1}{x}} - \frac{1}{x^4} e^{\frac{1}{x}} = -\frac{1}{x^4} e^{\frac{1}{x}};$$

一般地,有 $y^{(n)} = \frac{(-1)^n}{x^{n+1}} e^{\frac{1}{x}}$.

2. 转化为已知函数的 n 阶求导公式

通过代数恒等变形将函数转化为具有 n 阶导数公式的基本初等函数.

例 2.26　求 $f(x)=\sin^3 x$ 的 n 阶导数 $f^{(n)}(x)$.

解　因为 $\sin^3 x=\dfrac{1}{2}(1-\cos 2x)\sin x=\dfrac{1}{2}\sin x-\dfrac{1}{2}\cdot\dfrac{1}{2}(\sin 3x-\sin x)$

$$=\dfrac{3}{4}\sin x-\dfrac{1}{4}\sin 3x,$$

所以

$$f^{(n)}(x)=\dfrac{3}{4}(\sin x)^{(n)}-\dfrac{1}{4}(\sin 3x)^{(n)}$$

$$=\dfrac{3}{4}\sin\left(x+\dfrac{n\pi}{2}\right)-\dfrac{3^n}{4}\sin\left(3x+\dfrac{n\pi}{2}\right).$$

注　用正余弦函数倍角公式及积化和差公式,将 $\sin^k x$ 或 $\cos^k x (k\in \mathbf{Z}^+)$ 化成 $\sin ax$ 或 $\cos bx$ 的代数和的形式,再用 $\sin ax$ 或 $\cos bx$ 的 n 阶求导公式.

例 2.27　已知 $f(x)=\dfrac{1}{x(x^2-1)}$,求 $f^{(n)}(x)$.

解　设 $\dfrac{1}{x(x^2-1)}=\dfrac{A}{x-1}+\dfrac{B}{x}+\dfrac{C}{x+1}$,因为

$$\dfrac{A}{x-1}+\dfrac{B}{x}+\dfrac{C}{x+1}=\dfrac{(A+B+C)x^2+(A-C)x-B}{x(x^2-1)},$$

于是,有 $A+B+C=0,A-C=0,-B=1$,解得 $A=C=\dfrac{1}{2},B=-1$,所以

$$\dfrac{1}{x(x^2-1)}=\dfrac{1}{2(x-1)}-\dfrac{1}{x}+\dfrac{1}{2(x+1)},$$

从而

$$f^{(n)}(x)=\left[\dfrac{1}{2(x-1)}\right]^{(n)}-\left(\dfrac{1}{x}\right)^{(n)}+\left[\dfrac{1}{2(x+1)}\right]^{(n)}$$

$$=(-1)^n n!\left[\dfrac{1}{2(x-1)^{n+1}}-\dfrac{1}{x^{n+1}}+\dfrac{1}{2(x+1)^{n+1}}\right].$$

3. 利用莱布尼兹公式

求幂函数与指数函数、对数函数或正余弦函数的乘积的 n 阶导数,可以利用莱布尼兹公式;而对于求某个简单函数的 n 阶导数值 $y^{(n)}(x_0)$,可以利用莱布尼兹公式得到关于 $y^{(n)}(x_0)$ 的递推关系,从而可求出 $y^{(n)}(x_0)$ 的值.

例 2.28　已知 $y=x^2\cos^2 x$,求 $y^{(n)}$.

解　因为 $(x^2)'=2x,(x^2)''=2$,当 k 为大于等于 3 的正整数时,$(x^2)^{(k)}=0$;又 $\cos^2 x=\dfrac{1}{2}+\dfrac{1}{2}\cos 2x$,所以当 $m\in \mathbf{Z}^+$ 时,有

$$(\cos^2 x)^{(m)}=2^{m-1}\cos\left(2x+\dfrac{m\pi}{2}\right),$$

于是

$$y^{(n)} = x^2 \cdot 2^{n-1} \cos\left(2x + \frac{n\pi}{2}\right) + n \cdot 2x \cdot 2^{n-2} \cos\left[2x + \frac{(n-1)\pi}{2}\right] +$$

$$\frac{n(n-1)}{2} \cdot 2 \cdot 2^{n-3} \cos\left[2x + \frac{(n-2)\pi}{2}\right]$$

$$= \left[2^{n-1}x^2 - 2^{n-3}n(n-1)\right] \cos\left(2x + \frac{n\pi}{2}\right) + 2^{n-1}nx\sin\left(2x + \frac{n\pi}{2}\right).$$

例 2.29 设 $y = \arctan x$，求 $y^{(n)}(0)$.

解 由于 $y' = (\arctan x)' = \dfrac{1}{1+x^2}$，即 $(1+x^2)y' = 1$，左边是两个函数的乘积形式，考虑莱布尼兹公式，即对方程两边求 n 阶导数得

$$(1+x^2)y^{(n+1)} + n \cdot 2xy^{(n)} + \frac{n(n-1)}{2!} \cdot 2y^{(n-1)} = 0,$$

令 $x = 0$，得

$$y^{(n+1)} = -n(n-1)y^{(n-1)}, n = 1, 2, \cdots,$$

由 $y(0) = 0$，得

$$y''(0) = 0, y^{(4)}(0) = 0, \cdots, y^{(2m)}(0) = 0;$$

由 $y'(0) = 1$，得

$$y^{(2m+1)}(0) = -2m(2m-1)y^{(2m-1)}(0) = \cdots = (-1)^m(2m)! \ y'(0),$$

故而 $y^{(2m+1)}(0) = (-1)^m(2m)!$，综上，

$$y^n(0) = \begin{cases} 0, & n = 2m, \\ (-1)^m(2m)!, & n = 2m+1, \end{cases} \quad (m = 0, 1, 2, \cdots).$$

常规训练2.4

1.选择题

(1) 已知函数 $y = \sin^2 x$，则 y'' 等于（ ）.

A. $\sin 2x$ B. $2\sin x$ C. $2\cos 2x$ D. $\cos 2x$

(2) 已知 $f(x)$ 具有任意阶导数，且 $f'(x) = [f(x)]^2$，则当 n 为大于 2 的正整数时，$f^{(n)}(x)$ 等于（ ）.

A. $n! \ [f(x)]^{n+1}$ B. $n[f(x)]^{n+1}$

C. $n[f(x)]^{2n}$ D. $n! \ [f(x)]^{2n}$

(3) 设函数 $y = f(x)$ 的导数 $f'(x)$ 与二阶导数 $f''(x)$ 存在且均不为零，其反函数为 $x = \varphi(y)$，则 $\varphi''(y)$ 等于（ ）.

A. $\dfrac{1}{f''(x)}$ B. $-\dfrac{f''(x)}{[f'(x)]^2}$

C. $\dfrac{[f'(x)]^2}{f''(x)}$ D. $-\dfrac{f''(x)}{[f'(x)]^3}$

2.填空题

(1) 设函数 $f(x)$ 二阶可导,则当 $f(x)>0$,函数 $y=\ln f(x)$ 的二阶导数为＿＿＿＿＿.

(2) 设 $y=y(x)$ 是由方程 $xe^y=y-1$ 所确定的函数,则 $y''(0)=$＿＿＿＿.

(3) 已知函数 $y=\cos 3x$,则 $y^{(100)}(\pi)=$＿＿＿＿.

3.解答题

(1) 求下列函数的二阶导数:

① $y=(1+x^2)\arctan x$;　　　　　　　　② $y=\ln(x+\sqrt{1+x^2})$.

(2) 求由方程 $\ln\sqrt{x^2+y^2}=\arctan\dfrac{y}{x}$ 所确定的隐函数 $y=y(x)$ 的二阶导数.

(3) 求由参数方程 $\begin{cases}x=a(t-\sin t)\\y=a(1-\cos t)\end{cases}$ 所确定的函数 $y=y(x)$ 的二阶导数.

(4) 求下列函数的 n 阶导数:

① $y=\dfrac{1}{2x^2+x-1}$;　　　　　　　　② $y=x^2\ln(1+x)$;

③ $y = x^2 e^{2x}$.

常规训练 2.4 详解

2.5 函数的微分与函数的线性逼近

2.5.1 利用微分求导数

我们知道,利用导数与微分的关系,即微积分及其应用教程中的公式(2-11),可以由函数 $f(x)$ 的导数 $f'(x)$ 得到函数的微分 $dy = f'(x)dx$;也可以利用微分的运算法则以及微分形式不变性,直接计算函数的微分. 因此,我们可以先直接求出函数的微分,反过来求出函数的导数.

例 2.30 求下列函数的导数:

(1) $y = x^2 \arccos \sqrt{1-x^2}$; \qquad (2) $y = \dfrac{x^{\sin x}}{\sqrt{2x-1}}$.

解 (1) 因为

$$dy = 2x dx \cdot \arccos \sqrt{1-x^2} - x^2 \cdot \frac{1}{\sqrt{1-(\sqrt{1-x^2})^2}} \cdot \frac{-2x}{2\sqrt{1-x^2}} dx$$

$$= \left(2x \arccos \sqrt{1-x^2} + \frac{x|x|}{\sqrt{1-x^2}} \right) dx,$$

所以 $$\frac{dy}{dx} = 2x \arccos \sqrt{1-x^2} + \frac{x|x|}{\sqrt{1-x^2}}.$$

(2) 两边取对数,得 $\ln y = \sin x \ln x - \dfrac{1}{2}\ln(2x-1)$,再两边求微分,得

$$\frac{dy}{y} = \cos x dx \cdot \ln x + \sin x \cdot \frac{dx}{x} - \frac{1}{2} \cdot \frac{1}{2(2x-1)} dx$$

$$= \left[\cos x \ln x + \frac{\sin x}{x} - \frac{1}{4(2x-1)} \right] dx.$$

所以

$$\frac{dy}{dx} = \frac{x^{\sin x}}{\sqrt{2x-1}} \left[\cos x \ln x + \frac{\sin x}{x} - \frac{1}{4(2x-1)} \right].$$

例 2.31 求方程 $y\sin(xy^2) = xe^{x^2 y}$ 所确定的隐函数 $y = y(x)$ 的导数.

解 两边求微分,得

$$\mathrm{d}y \cdot \sin(xy^2) + y\cos(xy^2)(\mathrm{d}x \cdot y^2 + x \cdot 2y\mathrm{d}y) = \mathrm{d}x \cdot \mathrm{e}^{x^2 y} + x\mathrm{e}^{x^2 y}(2x\mathrm{d}x \cdot y + x^2 \mathrm{d}y),$$

即

$$[\sin(xy^2) - 2xy^2\cos(xy^2) - x^3\mathrm{e}^{x^2 y}]\mathrm{d}y = [\mathrm{e}^{x^2 y} + 2x^2 y\mathrm{e}^{x^2 y} - y^3\cos(xy^2)]\mathrm{d}x,$$

所以

$$\frac{\mathrm{d}y}{\mathrm{d}x} = \frac{\mathrm{e}^{x^2 y} + 2x^2 y\mathrm{e}^{x^2 y} - y^3\cos(xy^2)}{\sin(xy^2) - 2xy^2\cos(xy^2) - x^3\mathrm{e}^{x^2 y}}.$$

例 2.32　已知函数 $y = y(x)$ 由方程组 $\begin{cases} x = 3t^2 + 2t - 3, \\ \mathrm{e}^y \sin t - y + 1 = 0 \end{cases}$ 确定，求 $\dfrac{\mathrm{d}y}{\mathrm{d}x}$.

解　因为 $x = 3t^2 + 2t - 3$，所以 $\mathrm{d}x = (6t + 2)\mathrm{d}t$. 又在 $\mathrm{e}^y \sin t - y + 1 = 0$ 两边求微分，得

$$\mathrm{e}^y \sin t\mathrm{d}y + \mathrm{e}^y \cos t\mathrm{d}t - \mathrm{d}y = 0,$$

即

$$\mathrm{d}y = \frac{\mathrm{e}^y \cos t\mathrm{d}t}{1 - \mathrm{e}^y \sin t},$$

所以

$$\frac{\mathrm{d}y}{\mathrm{d}x} = \frac{\dfrac{\mathrm{e}^y \cos t\mathrm{d}t}{1 - \mathrm{e}^y \sin t}}{(6t + 2)\mathrm{d}t} = \frac{\mathrm{e}^y \cos t}{(6t + 2)(1 - \mathrm{e}^y \sin t)}.$$

2.5.2　利用微分估计误差

在生产实践中，经常要测量各种数据. 由于测量仪器的精度、测量的条件与方法等各种因素的影响，测得的数据往往带有误差，而根据带有误差的数据计算所得的结果也会有误差，我们把这种误差称为间接测量误差. 下面我们要讨论如何利用微分来估计这种间接测量误差.

首先介绍绝对误差与相对误差的概念.

如果某个量的精确值为 A，它的近似值为 a，那么 $|A - a|$ 称为 a 的**绝对误差**；而绝对误差与 $|a|$ 的比值 $\dfrac{|A - a|}{|a|}$ 称为 a 的**相对误差**.

在实际工作中，一个量的精确值往往是无法测得的，于是，绝对误差与相对误差也就无法精确地求得. 但是根据测量仪器的精度等因素，有时能将误差限制在某一个范围内. 设某个量的精确值为 A，测量值为 a，若能确定数值 δ_A，使 $|A - a| \leqslant \delta_A$，那么 δ_A 称为测量 A 的**绝对误差限**，这时 $\dfrac{\delta_A}{|a|}$ 称为测量 A 的**相对误差限**.

通常把绝对误差限与相对误差限简称为绝对误差与相对误差.

对于函数 $y = f(x)$，当自变量 x 因测量误差 $\mathrm{d}x$ 从 x_0 偏移到 $x_0 + \mathrm{d}x$ 时，我们可以用以下三种方式来估计函数在点 x_0 发生的误差：

	精确误差	估计误差
绝对误差	$\Delta f = f(x_0 + \mathrm{d}x) - f(x_0)$	$\mathrm{d}f = f'(x_0)\mathrm{d}x$
相对误差	$\dfrac{\Delta f}{f(x_0)}$	$\dfrac{\mathrm{d}f}{f(x_0)}$
百分比误差	$\dfrac{\Delta f}{f(x_0)} \times 100\%$	$\dfrac{\mathrm{d}f}{f(x_0)} \times 100\%$

例 2.33 设测得圆钢截面的直径 $D = 60.03\text{mm}$，并已知测量 D 的绝对误差限 $\delta_D = 0.05\text{mm}$，利用圆面积公式 $A = \dfrac{\pi D^2}{4}$ 计算圆钢截面面积时，试估计面积的误差（间接测量误差）．

解 把测量直径时产生的误差记作 ΔD，则面积函数 $A = \dfrac{\pi D^2}{4}$ 在自变量增量 ΔD 下的增量 ΔA 就是间接测量误差，当 $|\Delta D|$ 很小时，用 $\mathrm{d}A$ 近似代替 ΔA，即得

$$\Delta A \approx \mathrm{d}A = A'(D)\Delta D.$$

由于直接测量的绝对误差限为 $\delta_D = 0.05$，即 $|\Delta D| \leqslant \delta_D$，故

$$|\Delta A| \approx |A'(D)||\Delta D| \leqslant |A'(D)|\delta_D = \frac{\pi D}{2}\delta_D.$$

由此得面积 A 的绝对误差限约为

$$\delta_A = \frac{\pi D}{2}\delta_D = \frac{\pi}{2} \times 60.03 \times 0.05 \approx 4.715(\text{mm}^2),$$

A 的相对误差限约为

$$\frac{\delta_A}{A} = \frac{\dfrac{\pi D}{2}\delta_D}{\dfrac{\pi D^2}{4}} = \frac{2\delta_D}{D} = \frac{2 \times 0.05}{60.03} \approx 0.17\%.$$

2.5.3 微分概念的推广——高阶微分

对于函数 $y = f(x)$，与高阶导数类似，可以给出高阶微分的定义．

若函数 $y = f(x)$ 的微分函数 $\mathrm{d}y$ 关于 x 可微，则称函数 $y = f(x)$ 关于 x 二阶可微，且称微分函数 $\mathrm{d}y = \mathrm{d}f(x)$ 关于 x 的微分为函数 $y = f(x)$ 的二阶微分，用 $\mathrm{d}^2 y$（或 $\mathrm{d}^2 f(x)$）表示，类似地可以定义 n 阶微分 $\mathrm{d}^n y$（或 $\mathrm{d}^n f(x)$）．

如果记 $(\mathrm{d}x)^n = \mathrm{d}x^n$，则可得

$$\mathrm{d}^2 y = \mathrm{d}(\mathrm{d}y) = \mathrm{d}(f'(x)\mathrm{d}x) = \mathrm{d}x\mathrm{d}(f'(x)) = f''(x)(\mathrm{d}x)^2 = f''(x)\mathrm{d}x^2,$$

$$\mathrm{d}^n y = \mathrm{d}(\mathrm{d}^{n-1} y) = \mathrm{d}(f^{(n-1)}(x)\mathrm{d}x) = f^{(n)}(x)(\mathrm{d}x)^n = f^{(n)}(x)\mathrm{d}x^n.$$

这里我们把二阶及二阶以上的微分称为高阶微分．要注意的是：高阶微分没有微分形式不变性．

事实上，由 $\mathrm{d}y = f'(x)\mathrm{d}x$，当 x 是自变量时，上式两边关于 x 求微分，这时 $\mathrm{d}x$ 相对于 x

是常数,由微分运算法则可得

$$d^2 y = d(dy) = d(f'(x)dx) = dx d(f'(x)) = f''(x)(dx)^2.$$

当 x 是中间变量时,由微分运算法则可得

$$d^2 y = d(dy) = d(f'(x)dx) = dx d(f'(x)) + f'(x)d(dx)$$
$$= f''(x)(dx)^2 + f'(x)d(dx),$$

这时 $d(dx)$ 未必是零,因为 x 与 dx 都是自变量的函数,且 $d(dx) = d^2 x$ 是 x 关于自变量的二阶微分.

✎ 常规训练2.5

1.选择题

(1) 若 $f(x)$ 是可微函数,当 $\Delta x \to 0$ 时,则在点 x 处的 $\Delta y - dy$ 是 Δx 的(　　).

A. 高阶无穷小　　　　　　　　　　B. 等价无穷小

C. 低阶无穷小　　　　　　　　　　D. 非等价的同阶无穷小

(2) 已知 $y = f(x)$ 在点 x_0 处可微,且 $f'(x_0) \neq 0$,则 dy 一定是(　　).

A. 与 Δx 无关　　　　　　　　B. 当 $\Delta x \to 0$ 时,Δx 的高阶无穷小

C. Δx 的线性函数　　　　　　D. 当 $\Delta x \to 0$ 时,Δx 的等价无穷小

(3) 当 $x < -1$ 时,函数 $y = \arcsin \dfrac{1}{x}$ 的微分 dy 等于(　　).

A. $\dfrac{1}{\sqrt{x^2-1}}dx$　　　　B. $-\dfrac{1}{\sqrt{x^2-1}}dx$　　　　C. $\dfrac{1}{x\sqrt{x^2-1}}dx$　　　　D. $-\dfrac{1}{x\sqrt{x^2-1}}dx$

2.填空题

(1) 设 $y = x^3$ 在 $x_0 = 2$ 处的增量 $\Delta x = 0.01$,则 $\Delta y - dy = \underline{\qquad}$.

(2) 已知 $dy = \left(\dfrac{1}{\sqrt{x}} + \sin 2x\right)dx$,则 $y = \underline{\qquad\qquad}$.

(3) 已知 $f(x) = \sqrt[3]{x}$,则 $f(x)$ 在 $x = 8$ 处的线性近似为 $L(x) = \underline{\qquad}$.

3.解答题

(1) 求下列函数的微分:

① $y = \sqrt{x\sqrt{x}} - 3\ln x + \dfrac{2}{x}$;　　　　　　　　② $y = 3e^x \cos x + \ln 2$;

③ $y = \dfrac{\arcsin x}{1-x^2}$；

④ $y = \sin^3(x^2+1)$；

⑤ $y = x^{\ln x}$；

⑥ $y = \dfrac{\sqrt[3]{(2x+1)\sqrt{x}}}{(3x+2)^2}$.

(2) 求由下列方程所确定的隐函数 $y=y(x)$ 的微分：

① $\mathrm{e}^{xy} = x+y$；

② $xy^2 + \cos(2y-x) = 1$.

(3) 求下列参数方程所确定的函数的微分：

① $\begin{cases} x = \mathrm{e}^t \sin t, \\ y = \mathrm{e}^{2t} t^2; \end{cases}$

② $\begin{cases} x = \theta(1-\sin\theta), \\ y = \theta\cos\theta. \end{cases}$

(4) 当 $|x|$ 很小时，证明：$\ln(1+x) \approx x$.

(5)半径为 10cm 的实心金属球受热后,半径增大了 0.1cm.问球的体积大约增大了多少 cm³(精确到 0.1cm³)?

常规训练 2.5 详解

2.6 微分中值定理

2.6.1 关于微分中值定理条件的说明

首先四个微分中值定理中的条件都是充分的,但非必要.下面我们以罗尔中值定理和拉格朗日中值定理为例来说明.

例如符号函数 $f(x)=\operatorname{sgn} x$ 在闭区间$[-1,1]$上不满足罗尔中值定理的三个条件,但存在无限多个 $\xi\in(-1,1)$,使得 $f'(\xi)=0$.

又如函数 $f(x)=\begin{cases}x, & x\neq 0,\\ 1, & x=0\end{cases}$ 在闭区间$[-1,1]$上不满足拉格朗日中值定理的两个条件,但容易验证,存在无限多个 $\xi\in(-1,1)$,使得

$$f'(\xi)=\frac{f(1)-f(-1)}{1-(-1)}.$$

其次这四个定理的条件都不能再减弱,即它们的条件缺一不可.下面我们以罗尔中值定理为例来说明.

函数 $f(x)=\begin{cases}x, & 0\leqslant x<1,\\ 0, & x=1\end{cases}$ 在闭区间$[0,1]$不连续,即不满足罗尔定理的第一个条件;函数 $g(x)=|x|(-1\leqslant x\leqslant 1)$在开区间$(0,1)$不可导,即不满足罗尔定理的第二个条件;函数 $h(x)=x(0\leqslant x\leqslant 1)$的端点函数值不相等,即不满足罗尔定理的第三个条件.这三个函数在开区间$(0,1)$内均不存在使导数等于零的点.

2.6.2 柯西中值定理与泰勒中值定理的证明

1.柯西中值定理的证明

与拉格朗日中值定理类似,我们也可以通过辅助函数证明柯西中值定理.

因为 $g(b)-g(a) \neq 0$,事实上,若 $g(b)=g(a)$,由罗尔定理知,在 (a,b) 内存在一点 ξ,使 $g'(\xi)=0$,与柯西中值定理的条件矛盾.故作辅助函数

$$F(x)=f(x)-\frac{f(b)-f(a)}{g(b)-g(a)}g(x),$$

$F(x)$ 在 $[a,b]$ 上连续,在 (a,b) 内可导,且

$$F(a)=f(a)-\frac{f(b)-f(a)}{g(b)-g(a)}g(a)=\frac{f(a)g(b)-f(b)g(a)}{g(b)-g(a)},$$

$$F(b)=f(b)-\frac{f(b)-f(a)}{g(b)-g(a)}g(b)=\frac{f(a)g(b)-f(b)g(a)}{g(b)-g(a)},$$

即 $F(a)=F(b)$,$F(x)$ 满足罗尔定理的条件.

由罗尔定理,在 (a,b) 内至少存在一点 ξ,使 $F'(\xi)=0$,即

$$f'(\xi)-\frac{f(b)-f(a)}{g(b)-g(a)}g'(\xi)=0,$$

从而 $\quad \dfrac{f(b)-f(a)}{g(b)-g(a)}=\dfrac{f'(\xi)}{g'(\xi)}.$

2.泰勒中值定理的证明

设 $p(z)=f(z)+f'(z)(x-z)+\dfrac{f''(z)}{2!}(x-z)^2+\cdots+\dfrac{f^{(n)}(z)}{n!}(x-z)^n,$

作辅助函数 $F(z)=f(x)-p(z)$,则

$$F(x)=0, F(x_0)=f(x)-p(x_0), F'(z)=-\frac{f^{(n+1)}(z)}{n!}(x-z)^n.$$

再作辅助函数 $G(z)=(x-z)^{n+1}$,则

$$G(x)=0, G(x_0)=(x-x_0)^{n+1}, G'(z)=-(n+1)(x-z)^n,$$

且 $G'(z)$ 在以点 x_0, x 为端点的开区间内不为零.

对 $F(z), G(z)$ 在以点 x_0, x 为端点的闭区间上应用柯西中值定理可得

$$\frac{F(x)-F(x_0)}{G(x)-G(x_0)}=\frac{F'(\xi)}{G'(\xi)},$$

ξ 在点 x_0 与 x 之间,即

$$\frac{-f(x)+p(x_0)}{-(x-x_0)^{n+1}}=\frac{-\dfrac{f^{(n+1)}(\xi)}{n!}(x-\xi)^n}{-(n+1)(x-\xi)^n},$$

整理后即得 $\qquad f(x)=p(x_0)+\dfrac{f^{(n+1)}(\xi)}{(n+1)!}(x-x_0)^{n+1}.$

于是泰勒中值定理获证.

2.6.3　运用中值定理解题的一般思路

在运用四个中值定理解题时,可以考虑以下几种思路:

(1)用罗尔中值定理证明等式时,关键是构造辅助函数,而辅助函数的获得可以用导数

的逆运算方法,即根据要证明的结论 $G(\xi,f(\xi),f'(\xi))=0$,先将 ξ 换成 x,再作恒等变形,便于利用导数的逆运算关系,获得 $F(x,f(x))$ 的导数为 $G(x,f(x),f'(x))$,即辅助函数为 $F(x,f(x))$.

(2) 如果要证明的结论中含有 $a,b,f(a),f(b)$ 时,一般可考虑直接用拉格朗日中值定理或柯西中值定理.

(3) 如果要证明的结论中不含有导数运算,一般可先考虑用闭区间上连续函数的零点定理,但当零点定理无法直接证明所需结论时,也可考虑结论是否为某个函数求导的结果,从而通过构造辅助函数的方法,利用罗尔定理证明.

(4) 对于要证明的结论中含有两个介值 ξ_1,ξ_2 的情形,一般可考虑运用两次中值定理来证明.

(5) 如果要证明的结论中含有高阶导数运算,一般可考虑多次运用罗尔中值定理、拉格朗日中值定理或柯西中值定理,也可考虑运用泰勒中值定理来证明.

(6) 求带有佩亚诺型余项的泰勒公式,一般可采用间接法,即通过恒等变形、变量替换等方法,转化为已知的泰勒公式.

例 2.34　设 $f(x)$ 在 $[0,2]$ 上连续,在 $(0,2)$ 内可导,且 $f(0)=f(2)=0,f(1)=2$,试证至少存在一点 $\xi\in(0,2)$,使得 $f'(\xi)=1$.

证明　作函数 $F(x)=f(x)-x$,则 $F(x)$ 在 $[0,2]$ 上连续,且
$$F(1)=f(1)-1=1>0,\quad F(2)=f(2)-2=-2<0,$$
由零点定理可知存在一个 $\eta\in(1,2)$,使 $F(\eta)=0$. 又 $F(0)=f(0)-0=0,F(x)$ 在 $(0,2)$ 内可导,因此由罗尔中值定理可知,至少存在一个 $\xi\in(0,\eta)\subset(0,2)$,使得 $F'(\xi)=0$,即 $f'(\xi)=1$.

例 2.35　设 $f(x)$ 在 $[a,b]$ 上连续,在 (a,b) 内可导 $(0<a<b)$,证明:在 (a,b) 内存在 ξ 和 η,使得 $2\eta f'(\xi)=(a+b)f'(\eta)$.

证明　作函数 $F(x)=x^2$,由于 $f(x)$ 及 $F(x)$ 在所给区间上满足柯西中值定理的条件,故在 (a,b) 内至少存在一点 η,使
$$\frac{f(b)-f(a)}{F(b)-F(a)}=\frac{f'(\eta)}{F'(\eta)},$$
从而
$$f(b)-f(a)=\frac{b^2-a^2}{2\eta}f'(\eta).$$

又 $f(x)$ 在 $[a,b]$ 上满足拉格朗日中值定理的条件,故存在一点 $\xi\in(a,b)$,使
$$f(b)-f(a)=f'(\xi)(b-a),$$
于是有
$$f'(\xi)(b-a)=\frac{b^2-a^2}{2\eta}f'(\eta),$$
即有
$$2\eta f'(\xi)=(a+b)f'(\eta).$$

例 2.36　设 $\lim\limits_{x\to 0}\dfrac{f(x)}{x}=1$,且 $f''(x)>0$,证明:$f(x)>x$.

证明 因为 $\lim\limits_{x\to 0}\dfrac{f(x)}{x}$ 存在,$\lim\limits_{x\to 0}x=0$,所以 $\lim\limits_{x\to 0}f(x)=0$. 又 $f(x)$ 在 $x=0$ 连续,于是 $f(0)=\lim\limits_{x\to 0}f(x)=0$,从而由导数定义可得

$$f'(0)=\lim_{x\to 0}\frac{f(x)-f(0)}{x}=\lim_{x\to 0}\frac{f(x)}{x}=1.$$

故由带有拉格朗日型余项的麦克劳林公式可得

$$f(x)=f(0)+f'(0)x+\frac{f''(\xi)}{2!}x^2=x+\frac{f''(\xi)}{2}x^2\ (\xi\text{ 在 }0\text{ 与 }x\text{ 之间})$$

而由已知易知 $f''(\xi)>0,x^2>0$,于是

$$f(x)>x.$$

 **常规训练2.6**

1.选择题

(1) 函数 $f(x)=x\sqrt{6-x}$ 在区间 $[0,6]$ 上符合罗尔中值定理条件的 ξ 的值为（　　）.

A. 2   B. 3   C. 4   D. 5

(2) 设函数 $f(x)$ 在 $[0,1]$ 上连续,在 $(0,1)$ 内可导,且存在 $\xi\in(0,1)$,使得 $f'(\xi)>0$,则（　　）.

A. $f(1)>f(0)$ B. $f(1)=f(0)$ C. $f(1)<f(0)$ D. 以上都不对

(3) 利用麦克劳林公式求极限 $\lim\limits_{x\to 0}\dfrac{\cos x\ln(1+x)-x}{x^2}=$（　　）.

A. 0   B. $-\dfrac{1}{2}$ C. $\dfrac{1}{2}$ D. 1

2.填空题

(1) 二次函数 $f(x)=px^2+qx+r$ 在区间 $[a,b]$ 上符合拉格朗日中值定理条件的 ξ 的值为_____.

(2) 函数 $f(x)=\dfrac{x}{\mathrm{e}^x}$ 的麦克劳林公式中 x^n 项的系数是_____.

(3) 函数 $f(x)=\dfrac{1}{\sqrt{1-2x}}$ 的麦克劳林公式中 x^4 项的系数是_____.

3.解答题

(1) 设 $f(x)$ 在 $[a,b]$ 上连续,在 (a,b) 内可导,且 $f(a)=f(b)=0$,证明:至少存在一点 $\xi\in(a,b)$,使得 $f(\xi)=f'(\xi)$.

（2）证明恒等式：$\arctan x + \arctan \dfrac{1}{x} = \dfrac{\pi}{2}\ (x > 0)$.

（3）证明下列不等式：$\mathrm{e}^x > \mathrm{e}x\ (x > 1)$.

（4）若函数 $f(x)$ 在 (a,b) 内具有二阶导数，且 $f(x_1) = f(x_2) = f(x_3)\ (a < x_1 < x_2 < x_3 < b)$，证明：至少存在一点 $\xi \in (x_1, x_3)$，使得 $f''(\xi) = 0$.

（5）设 $f(x)$ 在 $[a,b]$ 上连续，在 (a,b) 内可导 $(0 < a < b)$，证明：至少存在一点 $\xi \in (a,b)$，使得 $2\xi[f(b) - f(a)] = f'(\xi)(b^2 - a^2)$.

（6）求函数 $f(x) = \dfrac{1}{x-1}$ 带拉格朗日型余项的 n 阶麦克劳林公式.

常规训练 2.6 详解

2.7 洛必达法则与函数的单调性

2.7.1 利用洛比达法则求函数极限的几点说明

（1）在连续使用洛必达法则求未定式的极限中，一旦出现所求函数极限不是未定式时，应停止使用洛必达法则，而应该用函数极限的运算法则或者函数连续的定义来求此极限.

例 2.37 求极限 $\lim\limits_{x\to 1}\dfrac{x^3-3x+2}{x^4-2x^3+2x^2-2x+1}$.

解 $\lim\limits_{x\to 1}\dfrac{x^3-3x+2}{x^4-2x^3+2x^2-2x+1}=\lim\limits_{x\to 1}\dfrac{3x^2-3}{4x^3-6x^2+4x-2}$

$$=\lim\limits_{x\to 1}\dfrac{6x}{12x^2-12x+4}=\dfrac{3}{2}.$$

式中的 $\lim\limits_{x\to 1}\dfrac{6x}{12x^2-12x+4}$ 已不是未定式，不能对它应用洛必达法则，否则将产生错误的结果.

（2）为使求极限的过程尽可能简洁，在使用洛必达法则的同时，应考虑结合使用其他求函数极限的方法，如利用两个重要极限、函数极限的运算法则和等价无穷小替换等.

例 2.38 求下列极限：

① $\lim\limits_{x\to 0}\dfrac{\sin^3 x}{x-\arcsin x}$；

② $\lim\limits_{x\to 0}\left(\cot^2 x-\dfrac{1}{x^2}\right)$.

解 ①当 $x\to 0$ 时，$\sin x\sim x$，$\sqrt{1-x^2}-1\sim\dfrac{-x^2}{2}$，所以

$$\lim\limits_{x\to 0}\dfrac{\sin^3 x}{x-\arcsin x}=\lim\limits_{x\to 0}\dfrac{x^3}{x-\arcsin x}=\lim\limits_{x\to 0}\dfrac{3x^2}{1-\dfrac{1}{\sqrt{1-x^2}}}$$

$$=\lim\limits_{x\to 0}\dfrac{3x^2\sqrt{1-x^2}}{\sqrt{1-x^2}-1}=\lim\limits_{x\to 0}\dfrac{3x^2\sqrt{1-x^2}}{\dfrac{-x^2}{2}}=-6\lim\limits_{x\to 0}\sqrt{1-x^2}=-6.$$

②因为 $\lim\limits_{x\to 0}\left(\cot^2 x-\dfrac{1}{x^2}\right)=\lim\limits_{x\to 0}\dfrac{x^2\cos^2 x-\sin^2 x}{x^2\sin^2 x}$，又

$$\dfrac{x^2\cos^2 x-\sin^2 x}{x^2\sin^2 x}=\dfrac{x\cos x+\sin x}{\sin x}\cdot\dfrac{x\cos x-\sin x}{x^2\sin x},$$

而

$$\lim\limits_{x\to 0}\dfrac{x\cos x+\sin x}{\sin x}=\lim\limits_{x\to 0}\left(\dfrac{x}{\sin x}\cdot\cos x+1\right)=1+1=2.$$

当 $x\to 0$ 时，$\sin x\sim x$，于是

$$\lim_{x \to 0} \frac{x\cos x - \sin x}{x^2 \sin x} = \lim_{x \to 0} \frac{x\cos x - \sin x}{x^3}$$

$$= \lim_{x \to 0} \frac{\cos x - x\sin x - \cos x}{3x^2} = -\frac{1}{3}\lim_{x \to 0} \frac{\sin x}{x} = -\frac{1}{3}.$$

所以原极限 $= 2 \times \left(-\dfrac{1}{3}\right) = -\dfrac{2}{3}$.

（3）对于某些数列极限的计算,可以利用函数极限与数列极限的关系定理,即海涅定理,如先利用洛必达法则求出相应的函数极限,就可以获得原数列的极限.

例 2.39 求数列极限: $\lim\limits_{n \to \infty} \dfrac{n^k}{a^n}$ (a,k 是常数,且 $a > 1$).

解 因为

$$\lim_{x \to +\infty} \frac{x^k}{a^x} = \lim_{x \to +\infty} \left(\frac{x}{a^{x/k}}\right)^k = \left(\lim_{x \to +\infty} \frac{x}{a^{x/k}}\right)^k = \left(\lim_{x \to +\infty} \frac{k}{a^{x/k}\ln a}\right)^k = 0,$$

所以
$$\lim_{n \to \infty} \frac{n^k}{a^n} = 0.$$

（4）对于幂指函数的未定式,如"∞^0 型",0^0 型和 1^∞ 型",可以利用公式 $u(x)^{v(x)} = \mathrm{e}^{v(x)\ln u(x)}$ ($u(x) > 0$)将所求极限转化为"$0 \cdot \infty$ 型"的未定式.

例 2.40 求下列极限:

① $\lim\limits_{n \to \infty} \sqrt[n]{n}$; 　　　　　　　　　② $\lim\limits_{x \to 0} \left(\dfrac{a^{x+1}+b^{x+1}+c^{x+1}}{a+b+c}\right)^{\frac{1}{x}}$ ($a,b,c > 0$).

解 ①因为 $\lim\limits_{x \to +\infty} x^{\frac{1}{x}} = \lim\limits_{x \to +\infty} \mathrm{e}^{\frac{\ln x}{x}} = \mathrm{e}^{\lim\limits_{x \to +\infty} \frac{\ln x}{x}} = \mathrm{e}^{\lim \frac{1}{x}} = \mathrm{e}^0 = 1$,

所以
$$\lim_{n \to \infty} \sqrt[n]{n} = 1.$$

② $\lim\limits_{x \to 0} \left(\dfrac{a^{x+1}+b^{x+1}+c^{x+1}}{a+b+c}\right)^{\frac{1}{x}} = \lim\limits_{x \to 0} \mathrm{e}^{\frac{1}{x}\ln\left(\frac{a^{x+1}+b^{x+1}+c^{x+1}}{a+b+c}\right)} = \mathrm{e}^{\lim\limits_{x \to 0} \frac{\ln\left(\frac{a^{x+1}+b^{x+1}+c^{x+1}}{a+b+c}\right)}{x}}$

$$= \mathrm{e}^{\lim\limits_{x \to 0} \frac{\frac{a+b+c}{a^{x+1}+b^{x+1}+c^{x+1}} \cdot \frac{1}{a+b+c}(a^{x+1}\ln a + b^{x+1}\ln b + c^{x+1}\ln c)}{1}}$$

$$= \mathrm{e}^{\frac{a\ln a + b\ln b + c\ln c}{a+b+c}} = (a^a b^b c^c)^{\frac{1}{a+b+c}}.$$

2.7.2 函数单调性判定定理的应用

我们知道,利用函数单调性的判定定理,可以证明或判定函数的单调性、求函数的单调区间、证明不等式以及解决函数零点或方程实根的问题等.下面再举几个例题加以说明.

例 2.41 求函数 $f(x) = \sqrt[3]{(x+a)^2(2a-x)}$ ($a > 0$)的单调区间.

解 设 $g(x) = (x+a)^2(2a-x)$,显然 $g(x)$ 与 $f(x)$ 有相同的单调性,因此即求 $g(x)$ 的单调区间.

函数 $g(x)$ 定义域为 $(-\infty, +\infty)$, $g'(x) = 3(x+a)(a-x)$,令 $g'(x) = 0$,得 $x = -a$ 或 $x = a$.上述两个点将函数定义域划分成部分区间,列表讨论如下:

x	$(-\infty,-a)$	$-a$	$(-a,a)$	a	$(a,+\infty)$
$g'(x)$	$-$	0	$+$	0	$-$
$g(x)$	↘		↗		↘

所以函数 $g(x)$,即函数 $f(x)$ 在 $(-\infty,-a]$ 和 $[a,+\infty)$ 上严格单调减少,在 $[-a,a]$ 上严格单调增加.

例 2.42 设在 $[a,b]$ 上有 $f''(x)>0$,且 $c\in(a,b)$,证明:

$$\frac{f(c)-f(a)}{c-a}<\frac{f(b)-f(a)}{b-a}.$$

证明 设 $F(x)=\dfrac{f(x)-f(a)}{x-a}$,即证 $F(x)$ 在 (a,b) 上是单调增加的.

因为 $F'(x)=\dfrac{f'(x)(x-a)-[f(x)-f(a)]}{(x-a)^2}$,应用拉格朗日中值定理得

$$f(x)-f(a)=f'(\xi)(x-a)\ (a<\xi<x),$$

于是有 $$F'(x)=\frac{f'(x)-f'(\xi)}{x-a}.$$

由 $f''(x)>0$ 可知,$f'(x)$ 在 $[a,b]$ 上单调增加,又 $x>\xi$,故

$$f'(x)-f'(\xi)>0,F'(x)>0,$$

由此可知,$F(x)$ 在 (a,b) 上是单调增加,由于 $a<c<b$,因而原不等式成立.

例 2.43 讨论方程 $\sin^3 x\cos x=a(a>0)$ 在 $[0,\pi]$ 上的实根个数.

解 设 $f(x)=\sin^3 x\cos x-a$,则

$$f'(x)=\sin^2 x(\sqrt{3}\cos x+\sin x)(\sqrt{3}\cos x-\sin x),$$

令 $f'(x)=0$,得 $x=0,\dfrac{\pi}{3},\dfrac{2\pi}{3},\pi$,从而 $f(0)=-a$,$f\left(\dfrac{\pi}{3}\right)=\dfrac{3\sqrt{3}}{16}-a$,$f\left(\dfrac{2\pi}{3}\right)=-\dfrac{3\sqrt{3}}{16}-a$,

$f(\pi)=-a$,当 $a<\dfrac{3\sqrt{3}}{16}$ 时,$f(0)<0$,$f\left(\dfrac{\pi}{3}\right)>0$,$f\left(\dfrac{2\pi}{3}\right)<0$;而在 $\left(0,\dfrac{\pi}{3}\right)$ 内 $f'(x)>0$,故 $f(x)$

单调增加,在 $\left(\dfrac{\pi}{3},\pi\right)$ 内 $f'(x)<0$,故 $f(x)$ 单调增加,因此 $f(x)=0$ 在 $\left(0,\dfrac{\pi}{3}\right)$ 及 $\left(\dfrac{\pi}{3},\pi\right)$ 内各

有一个实根;当 $a=\dfrac{3\sqrt{3}}{16}$ 时,$f\left(\dfrac{\pi}{3}\right)=0$,这时 $x=\dfrac{\pi}{3}$ 是方程的唯一实根;当 $a>\dfrac{3\sqrt{3}}{16}$ 时,方程无

实根.

✎ 常规训练 2.7

1.选择题

(1) 极限 $\lim\limits_{x\to\infty}\dfrac{x-\sin x}{x+\sin x}$ ( ).

A. 等于 0   B. 等于 1   C. 等于 -1 D. 不存在

(2) 极限 $\lim\limits_{x \to 0^+}(\sin x)^x$（　　）.

A. 等于 1　　　　　　　B. 等于 0　　　　　　　C. 等于 e　　　　　　　D. 不存在

(3) 方程 $x^3 + x^2 + x - 1 = 0$ 的实数根的个数为（　　）.

A. 3　　　　　　　　B. 2　　　　　　　　C. 1　　　　　　　　D. 0

2. 填空题

(1) 极限 $\lim\limits_{x \to 0}\dfrac{e^x - e^{-x} - 2x}{x^3} = $ _____.

(2) 已知 $-\dfrac{\pi}{2} < x < \dfrac{\pi}{2}$，且 $f(x) = \begin{cases} x^{-2}\ln\cos x, & x \neq 0, \\ a, & x = 0 \end{cases}$ 在点 $x = 0$ 处连续，则 a 的值为

_____.

(3) 函数 $y = \dfrac{1}{2}x^2 - 2\ln(x+1)$ 的单调减少区间是 _____.

3. 解答题

(1) 求下列各式的极限：

① $\lim\limits_{x \to +\infty}\dfrac{\ln(1+x) - \ln x}{\operatorname{arccot} x}$；

② $\lim\limits_{x \to 1^-}\dfrac{\ln\tan\dfrac{\pi x}{2}}{\ln(1-x)}$；

③ $\lim\limits_{x \to +\infty}x\left(\dfrac{\pi}{2} - \arctan x\right)$；

④ $\lim\limits_{x \to -1}\left[\dfrac{x+2}{x+1} - \dfrac{1}{\ln(x+2)}\right]$；

⑤ $\lim\limits_{x \to 0}\left(\dfrac{\sin x}{x}\right)^{\frac{1}{x^2}}$.

（2）判定函数 $f(x)=\ln(1+x^2)-x$ 的单调性.

（3）求函数 $f(x)=2x-3\sqrt[3]{x^2}$ 的单调区间.

（4）试确定方程 $\ln x-\dfrac{x}{e}+1=0$ 的实数根的个数.

（5）证明：$(1+x)\ln(1+x)\geqslant\arctan x(x\geqslant0)$.

常规训练 2.7 详解

2.8 函数的极值与最大值、最小值问题

2.8.1 函数的单调区间与函数极值点的关系

由函数极值的判定定理（微积分及其应用教程 2.8 定理 2.14）或函数图形可知，连续函数的两个相邻单调区间的公共端点是函数的可能极值点. 如果此公共端点的左右两侧依次是递增区间和递减区间，那么公共端点是极大值点；如果此公共端点的左右两侧依次是递减区间和递增区间，那么公共端点是极小值点；如果此公共端点的左右两侧的两个区间的单调

性相同,那么公共端点就不是极值点.极值点可能是驻点,也可能是导数不存在的点,而导数不存在的点处,可能是左右导数不相等,也可能是导数为无穷大.对于不连续的函数,两个相邻单调区间的分界点可能是函数的间断点,例如,函数 $y=x^{-2}$ 在 $(-\infty,0)$ 内单调递增,在 $(0,+\infty)$ 内单调递减,且 $x=0$ 是函数的无穷间断点.

2.8.2　利用求函数极值或最值证明不等式

我们知道利用微分中值定理及函数的单调性可以证明不等式,这里再举例说明利用求函数极值或最值证明不等式.

例 2.44　设 $x>-1$,证明:当 $0<a<1$ 时,$(1+x)^a \leqslant 1+ax$.

证明　令 $f(x)=1+ax-(1+x)^a$,则

$$f'(x)=\frac{a}{(1+x)^{1-a}}\left[(1+x)^{1-a}-1\right]\ (x>-1).$$

当 $0<a<1$ 时,因 $f'(0)=0$,当 $x>0$ 时,$f'(x)>0$,当 $-1<x<0$ 时,$f'(x)<0$,故 $f(x)$ 在 $(-1,+\infty)$ 内当 $x=0$ 时取得唯一的极小值 $f(0)=0$.所以

$$(1+x)^a \leqslant 1+ax.$$

例 2.45　当 $0 \leqslant x \leqslant 1$ 时,证明:$2^x \geqslant x^2+1$.

证明　令 $f(x)=2^x-x^2-1$,$x \in [0,1]$,由于 $f(x)$ 在 $[0,1]$ 上处处二阶可导,且

$$f''(x)=2^x \ln^2 2-2,$$

$$f'(0)=\ln 2>0, f'(1)=2\ln 2-2<0,$$

由 $f'(x)$ 在 $[0,1]$ 上连续知,$f'(x)$ 在 $(0,1)$ 内必有一个零点,又由于

$$f''(x)=2^x \ln^2 2-2<2(\ln^2 2-1)<0, x \in (0,1),$$

知 $f'(x)$ 在 $[0,1]$ 上严格递减,从而 $f(x)=2^x-x^2-1$ 在 $(0,1)$ 内有唯一驻点,且在驻点处取得极大值,从而在驻点处取得最大值,这时最小值是

$$f(0)=f(1)=0,$$

因此当 $0 \leqslant x \leqslant 1$ 时,$f(x) \geqslant 0$,即 $2^x \geqslant x^2+1$,$x \in [0,1]$.

2.8.3　最值应用问题举例

下面举例说明函数的最大值与最小值在几何和物理方面的应用,作为对微积分及其应用教程中相应内容的补充.

例 2.46　在椭圆 $x^2+4y^2=4$ 上求一点,使其到直线 $2x+3y-6=0$ 的距离最短.

解　因椭圆在所给直线的下方,故此椭圆上任一点 $A(x,y)$ 满足 $2x+3y-6<0$,因此 A 点到所给直线的距离为

$$d=|2x+3y-6|/\sqrt{13}=(6-2x-3y)/\sqrt{13}.$$

设 $y>0$,即 $y=\frac{1}{2}\sqrt{4-x^2}$,则 $d=(6-2x-\frac{3}{2}\sqrt{4-x^2})/\sqrt{13}$,

且 $$d' = \frac{1}{\sqrt{13}} \cdot \frac{3x - 4\sqrt{4-x^2}}{2\sqrt{4-x^2}}, d'' = \frac{6}{\sqrt{13(4-x^2)^3}} > 0.$$

令 $d' = 0$，得 $x = \frac{8}{5}$，即在 $x = \frac{8}{5}$ 处 d 取得最小值，而对于 $y < 0$，可得 $d'' < 0$，故 d 不会取得极小值. 因此在椭圆上的点 $(\frac{8}{5}, \frac{3}{5})$ 到已知直线的距离最短.

例 2.47 在定半圆内作内接等腰梯形，其下底是平行于直径的定底，另两顶点位置如何选取才能使等腰梯形有最大的面积？

解 如图 2-1 所示，与定底 AB 垂直的半径为 OM，令 $\angle COM = \theta$，$\angle BOM = \alpha$，其中 α 与圆半径 a 都是常数，且 $0 < \alpha < \frac{\pi}{2}$，等腰梯形的面积为

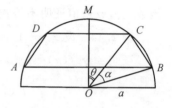

图 2-1

$$s(\theta) = \frac{1}{2}(a\cos\theta - a\cos\alpha) \cdot 2(a\sin\theta + a\sin\alpha)$$
$$= a^2(\cos\theta - \cos\alpha)(\sin\theta + \sin\alpha) \quad (0 < \theta < \alpha).$$

而 $$s'(\theta) = a^2(-\sin\theta)(\sin\theta + \sin\alpha) + a^2(\cos\theta - \cos\alpha)\sin\theta$$
$$= a^2[\cos 2\theta - \cos(\theta - \alpha)],$$
$$s''(\theta) = a^2[-2\sin 2\theta + \sin(\theta - \alpha)],$$

令 $s'(\theta) = 0$，得 $\cos 2\theta - \cos(\theta - \alpha) = 0$ 或 $\sin\frac{3\theta - \alpha}{2}\sin\frac{\theta + \alpha}{2} = 0$，由此求得唯一驻点为 $\theta = \frac{\alpha}{3}$，且

$$s''\left(\frac{\alpha}{3}\right) = a^2\left[-2\sin\frac{2\alpha}{3} + \sin\left(-\frac{2\alpha}{3}\right)\right] < 0.$$

因此当 $\theta = \frac{\alpha}{3}$ 时，$s(\theta)$ 取得极大值，也是最大值，所以顶点 C 应按 $\angle COM = \frac{\alpha}{3}$ 选取（D 与 C 关于 OM 对称）才能使等腰梯形面积最大.

例 2.48 设在 x 轴的上下两侧有两种不同的介质 I 和 II，光线在介质 I 和 II 中的传播速度分别是 v_1 和 v_2. 又设点 A 在 I 内，点 B 在 II 内，要使光线从 A 传播到 B 耗时最少，问光线应取怎样的路径？

解 如图 2-2 所示，设点 A、B 到 x 轴的距离分别是 $AM = h_1$ 和 $BN = h_2$，MN 的长度为 l，MP 的长度为 x（P 为光线路径与 x 轴的交点）. 由于在同一介质中，光线的最速路径显然为直线，因此光线从 A 到 B 的传播路径必为折线 APB，其所需要的总时间是

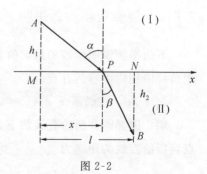

图 2-2

$$t(x) = \frac{1}{v_1}\sqrt{h_1^2 + x^2} + \frac{1}{v_2}\sqrt{h_2^2 + (l-x)^2}, x \in [0, l].$$

下面来确定 x 满足什么条件时，$t(x)$ 取得最小值. 先求 t 对 x 的导数.

$$t'(x) = \frac{x}{v_1\sqrt{h_1^2+x^2}} - \frac{l-x}{v_2\sqrt{h_2^2+(l-x)^2}}.$$

由于 $t'(0) < 0, t'(l) > 0$,且

$$t''(x) = \frac{h_1^2}{v_1(h_1^2+x^2)^{\frac{3}{2}}} + \frac{h_2^2}{v_2[h_2^2+(l-x)^2]^{\frac{3}{2}}} > 0, x \in [0,l],$$

可知 $t'(x)$ 在 $[0,l]$ 内存在唯一的零点 x_0,即 $t(x)$ 在 $(0,l)$ 内有唯一驻点 x_0,再考虑到 $t''(x) > 0$ $(x \in (0,l))$,可知 x_0 必为 $t(x)$ 在 $[0,l]$ 上的最小值点.

x_0 满足 $t'(x_0) = 0$,即

$$\frac{x_0}{v_1\sqrt{h_1^2+x_0^2}} = \frac{l-x_0}{v_2\sqrt{h_2^2+(l-x_0)^2}}.$$

记 $\dfrac{x_0}{\sqrt{h_1^2+x_0^2}} = \sin\alpha, \dfrac{l-x_0}{\sqrt{h_2^2+(l-x_0)^2}} = \sin\beta$,于是 $\dfrac{\sin\alpha}{v_1} = \dfrac{\sin\beta}{v_2}$,其中 α, β 分别是光线的入射角与反射角,这就是光学中的折射定律.

✎ 常规训练2.8

1.选择题

(1) 已知函数 $f(x)$ 在点 x_0 处可导,则 $f'(x_0) = 0$ 是 $f(x)$ 在点 x_0 处有极值的(　　).

A. 充分条件　　　　　　　　　　　B. 必要条件

C. 充要条件　　　　　　　　　　　D. 既非充分又非必要条件

(2) 下列结论中,正确的是(　　).

A. 若 x_0 是 $f(x)$ 的极值点,则曲线 $y = f(x)$ 在点 $(x_0, f(x_0))$ 处必有水平切线

B. 函数 $f(x)$ 的极值点必为驻点

C. 设 $f'(x_0) = 0, f''(x_0) = 0$,则函数 $f(x)$ 在点 x_0 处不可能取得极值

D. 设函数 $f(x)$ 在区间 I 内可导,且仅有一个极值点,则 $f(x)$ 在该点必取得最值

(3) 函数 $y = |\ln|x||$ 的极值点的个数是(　　).

A. 0　　　　　　　B. 1　　　　　　　C. 2　　　　　　　D. 3

2.填空题

(1) 当 $x = \underline{\qquad}$ 时,函数 $y = x \cdot 2^x$ 取得极小值.

(2) 已知 $x \in (-\infty, 0)$,则函数 $y = x^2 - \dfrac{54}{x}$ 有最$\underline{\qquad}$值,为$\underline{\qquad}$.

(3) 已知两个正数 x_1, x_2 满足 $x_1 + 4x_2 = 6$,则 $x_1^3 + x_2^3$ 的最小值为$\underline{\qquad}$.

3.解答题

(1) 求函数 $y=(5-x)\sqrt[3]{x^2}$ 的极值.

(2) 试问 a 为何值时,函数 $f(x)=a\sin x+\dfrac{1}{3}\sin 3x$ 在 $x=\dfrac{\pi}{3}$ 处取得极值? 它是极大值还是极小值? 并求此极值.

(3) 求函数 $f(x)=x^4-8x^2+2, x\in[-1,3]$ 的最大值与最小值.

(4) 将一块边长为 12cm 的正方形金属薄片,每个角截去同样大小的小方块,然后折成一个无盖的方盒.问截去的小方块多大时,可使这个方盒的体积最大?

(5) 求点 $P(0,3)$ 到抛物线 $x^2=4y$ 的最短距离.

（6）如图 2-3 所示，假定足球门宽度为 4m，在距离右门柱 6m 处一球员沿垂直于底线的方向带球前进，问：他在离底线几米的地方将获得最大的射门张角？

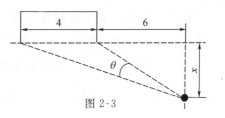

图 2-3

常规训练 2.8 详解

2.9　曲线的斜渐近线、凹凸性与曲率

2.9.1　关于曲线斜渐近线的说明

在微积分及其应用教程 2.9 中，我们已经知道，对于曲线 $y=f(x)$，如果极限 $\lim\limits_{x\to+\infty}\dfrac{f(x)}{x}$（或 $\lim\limits_{x\to-\infty}\dfrac{f(x)}{x}$）存在，极限值为 $a(a\neq 0)$，且

$$\lim_{x\to+\infty}[f(x)-ax]（或\lim_{x\to-\infty}[f(x)-ax]）$$

也存在，极限值为 b，则曲线 $y=f(x)$ 存在斜渐近线 $y=ax+b$.

因此求曲线 $y=f(x)$ 的渐近线时，上述极限自变量 x 的变化过程可能是 $x\to\infty$，$x\to+\infty$ 或 $x\to-\infty$，只有当自变量 x 的某个变化过程的上述两个极限都存在，且 $a\neq 0$ 时，曲线 $y=f(x)$ 才有斜渐近线. 例如，对于曲线 $f(x)=\mathrm{e}^{-x}-x$，因为

$$\lim_{x\to+\infty}\frac{f(x)}{x}=\lim_{x\to+\infty}\left(\frac{\mathrm{e}^{-x}}{x}-1\right)=-1,\ \lim_{x\to+\infty}[f(x)+x]=\lim_{x\to+\infty}\mathrm{e}^{-x}=0,$$

所以此曲线的斜渐近线为 $y=-x$.

对于曲线 $f(x)=\mathrm{e}^{x}+x$，因为

$$\lim_{x\to-\infty}\frac{f(x)}{x}=\lim_{x\to-\infty}\left(\frac{\mathrm{e}^{x}}{x}+1\right)=1,\ \lim_{x\to-\infty}[f(x)-x]=\lim_{x\to-\infty}\mathrm{e}^{x}=0,$$

所以此曲线的斜渐近线为 $y=x$.

2.9.2　曲线的凹凸区间与曲线拐点的关系

连续曲线 $y=f(x)$ 的两个相邻凹凸区间的公共端点是曲线的可能拐点. 如果此公共端点的左右两侧是凹凸性不同的区间，那么公共端点是拐点；如果此公共端点的左右两侧是凹凸性相同的区间，那么公共端点就不是拐点. 拐点可能是二阶导数为零的点，也可能是二阶

导数不存在的点,而二阶导数不存在的点处,可能是左右二阶导数不相等,也可能是二阶导数为无穷大.例如,曲线 $y=x^3$,因为 $y''=6x$,当 $x=0$ 时,$y''=0$;且当 $x<0$ 时,$y''<0$;当 $x>0$ 时,$y''>0$.因此,点$(0,0)$是此曲线的拐点.

曲线 $y=\sqrt[3]{x^2}$,因为当 $x\neq 0$ 时,$y''=-\dfrac{2}{9}x^{-\frac{4}{3}}<0$,且易知当 $x=0$ 时,y''不存在(当 $x\to 0$ 时,$y''\to -\infty$).因此,点$(0,0)$不是此曲线的拐点.

另外,对于不连续的曲线,两个相邻凹凸区间的分界点可能是相应函数的间断点,例如,曲线 $y=x^{-1}$ 的凹区间为$(0,+\infty)$,凸区间为$(-\infty,0)$,且 $x=0$ 是此函数的无穷间断点.

2.9.3 利用曲线的凹凸性证明不等式

利用曲线凹凸性的判定定理(微积分及其应用教程中的定理 2.16)与曲线凹凸性的定义可以证明某些不等式.

例 2.49 已知 $a>0,b>0$,且 $a\neq b$,证明:

$$a\ln a+b\ln b>(a+b)\ln\frac{a+b}{2}.$$

证明 令 $f(x)=x\ln x(x>0)$.因为

$$f'(x)=\ln x+1,f''(x)=\frac{1}{x}>0,x\in(0,+\infty),$$

所以曲线 $y=x\ln x$ 在$(0,+\infty)$内是凹的,故当 $a>0,b>0$,且 $a\neq b$ 时,有

$$f\left(\frac{a+b}{2}\right)<\frac{f(a)+f(b)}{2},$$

即

$$\frac{a+b}{2}\ln\frac{a+b}{2}<\frac{a\ln a+b\ln b}{2},$$

两端乘以 2 后即得所需要证明的不等式.

下面利用泰勒公式将函数凹凸性定义中的不等式加以推广.

例 2.50 设 $f(x)$是定义在$(-\infty,+\infty)$上具有二阶导数的函数,证明:当 $f''(x)\geqslant 0$ 时,$f\left(\dfrac{x_1+x_2+\cdots+x_n}{n}\right)\leqslant\dfrac{f(x_1)+f(x_2)+\cdots+f(x_n)}{n}$;当 $f''(x)\leqslant 0$ 时,上述不等式的不等号反向.

证明 记 $a=\dfrac{x_1+x_2+\cdots+x_n}{n}$,则 $na=x_1+x_2+\cdots+x_n$,由泰勒公式有

$$f(x_i)=f(a)+(x_i-a)f'(a)+\frac{(x_i-a)^2}{2}f''[a+\theta_i(x_i-a)],$$

其中 $0<\theta_i<1(i=1,2,\cdots,n)$,因为 $f''(x)\geqslant 0$,故

$$f(x_i)\geqslant f(a)+(x_i-a)f'(a),(i=1,2,\cdots,n),$$

$$\sum_{i=1}^{n}f(x_i)\geqslant nf(a)+f'(a)\sum_{i=1}^{n}(x_i-a)=nf(a),$$

即
$$f\left(\frac{x_1+x_2+\cdots+x_n}{n}\right)\leqslant\frac{f(x_1)+f(x_2)+\cdots+f(x_n)}{n}.$$

同理可证 $f''(x)\leqslant0$ 的情形.

在此例中取某些特殊的函数,可以得到一些重要的不等式. 例如,

(1) 设 x_i 为实数$(i=1,2,\cdots,n)$,则
$$\left(\frac{x_1+x_2+\cdots+x_n}{n}\right)^2\leqslant\frac{x_1^2+x_2^2+\cdots+x_n^2}{n}.$$

取 $f(x)=x^2$,则当 $x\in(-\infty,+\infty)$时,$f''(x)=2>0$,由例 2.50 的结论即得此不等式.

(2) 设 $x_i>0(i=1,2,\cdots,n)$,则
$$\sqrt[n]{x_1x_2\cdots x_n}\leqslant\frac{x_1+x_2+\cdots+x_n}{n}.$$

取 $f(x)=\ln x(x>0)$,则 $f''(x)=-\dfrac{1}{x^2}<0$,由例 2.50 的结论得
$$\ln\frac{x_1+x_2+\cdots+x_n}{n}\geqslant\frac{\ln x_1+\ln x_2+\cdots+\ln x_n}{n}=\ln\sqrt[n]{x_1x_2\cdots x_n},$$

再由 $\ln x$ 是单调递增函数,即得此不等式.

(3) 设 $x_i>0(i=1,2,\cdots,n)$,则
$$x_1^{x_1}x_2^{x_2}\cdots x_n^{x_n}\geqslant\left(\frac{x_1+x_2+\cdots+x_n}{n}\right)^{x_1+x_2+\cdots+x_n}.$$

取 $f(x)=x\ln x(x>0)$,则 $f''(x)=\dfrac{1}{x}>0$,由例 2.50 的结论得
$$\frac{x_1\ln x_1+x_2\ln x_2+\cdots+x_n\ln x_n}{n}\geqslant\frac{x_1+x_2+\cdots+x_n}{n}\ln\frac{x_1+x_2+\cdots+x_n}{n},$$

即
$$\ln(x_1^{x_1}x_2^{x_2}\cdots x_n^{x_n})\geqslant\ln\left(\frac{x_1+x_2+\cdots+x_n}{n}\right)^{x_1+x_2+\cdots+x_n},$$

再由 $\ln x$ 是单调递增函数,即得此不等式.

2.9.4　关于平面曲线曲率计算的说明

我们知道,当平面曲线由方程 $y=y(x)$ 给出时,则曲率的计算公式为
$$K=\frac{|y''|}{(1+y'^2)^{\frac{3}{2}}}.$$

当平面曲线由其他形式的方程给出时,也可以由上述公式获得相应的曲率公式,但公式的形式相对比较复杂,不易记忆与计算. 因此求用其他形式方程给出的曲线的曲率,可以先求出 y' 与 y'',再代入上述公式即可. 例如,

求曲线 $y^3-2y+x=0$ 在点$(1,1)$处的曲率.

对方程两边求导,有 $3y^2y'-2y'+1=0$,把 $y(1)=1$ 代入得 $y'(1)=-1$.

再求导有 $6yy'^2+3y^2y''-2y''=0$,把 $y(1)=1$,$y'(1)=-1$ 代入得 $y''(1)=-6$,然后代入上述曲率公式得

$$K = \frac{|-6|}{[1+(-1)^2]^{\frac{3}{2}}} = \frac{3\sqrt{2}}{2}.$$

✐ 常规训练 2.9

1.选择题

(1) 点 $(0,0)$ 是函数 $y = -\sqrt[3]{x^2}$ 的（　　）.

A. 驻点　　　　　　　B. 拐点　　　　　　　C. 极小值点　　　　D. 极大值点

(2) 当 $x > 0$ 时,函数 $y = \ln(1+x) - x$ 是严格单调（　　）.

A. 减少且凸的　　　B. 减少且凹的　　　C. 增加且凸的　　　D. 增加且凹的

(3) 下列结论中,正确的是（　　）.

A. 曲线上拐点处必有切线

B. 曲线上拐点处横坐标的二阶导数必为零

C. 曲线上某点处横坐标的二阶导数为零,则此点可能为拐点

D. 点 $(0,0)$ 既是函数 $y = \sqrt{|x|}$ 的极小值点,又是曲线 $y = \sqrt{|x|}$ 的拐点

2.填空题

(1) 已知曲线 $y = ax^3 + bx^2$ 的拐点是 $(-1,2)$,则 $a+b =$ _____.

(2) 已知函数 $y = y(x)$ 由参数方程 $\begin{cases} x = \mathrm{e}^t \sin t \\ y = \mathrm{e}^t \cos t \end{cases}$ 确定,则 $\mathrm{d}s =$ _____.

(3) 函数 $y = \ln\cos x$ 在点 $x = \dfrac{\pi}{3}$ 处的曲率半径为 _____.

3.解答题

(1) 求下列曲线的渐近线:

① $y = \dfrac{x^2}{x+1}$;　　　　　　　　　　　② $y = x\mathrm{e}^{\frac{1}{x}}$.

(2) 判断曲线 $y = \ln(1-x^2)$ 的凹凸性.

（3）求下列曲线的凹凸区间与拐点：

①$y=x^4-2x^3$;　　　　　　　　　　　②$y=\ln(x^2+1)$.

（4）求星形线 $\begin{cases} x=2\cos^3 t \\ y=2\sin^3 t \end{cases}$ 在 $t=\dfrac{\pi}{4}$ 处的曲率和曲率半径.

（5）曲线 $y=\ln x$ 上哪一点处的曲率半径最小？求出该点处的曲率半径.

（6）求常数 a,b,c,使曲线 $y=ax^2+bx+c$ 与 $y=e^x$ 在 $x=0$ 处相切,且有相同的凹凸性与曲率.

常规训练 2.9 详解

2.10　导数在经济学中的应用

在微积分及其应用教程 2.10 中,我们介绍了经济学的厂商理论中的常见函数:边际分析、弹性分析和经济学中的最优问题等内容,下面再举几个导数在经济学中的应用的典型例题,作为对这部分内容的补充.

例 **2.51**　已知市场对商品的需求量 Q 是价格 P 的函数 $Q=Q(P)$,一般情况下 $Q(P)$ 是

关于 P 的单调递减函数. 设 $\Delta Q = Q(P_0 + \Delta P) - Q(P_0)$, $Q_0 = Q(P_0)$, $\Delta P > 0$, 讨论下面各式代表的经济意义: (1) $\dfrac{\Delta P}{P_0}$; (2) $-\dfrac{\Delta Q}{Q_0}$; (3) $-\dfrac{\Delta Q}{Q_0} / \dfrac{\Delta P}{P_0}$; (4) $\lim\limits_{\Delta P \to 0} (-\dfrac{\Delta Q}{Q_0} / \dfrac{\Delta P}{P_0})$.

解 (1) $\dfrac{\Delta P}{P_0}$ 表示价格在 P_0 时, 价格相对改变量, 即价格的平均变化幅度;

(2) $-\dfrac{\Delta Q}{Q_0}$ 表示需求量在 Q_0 时, 需求量相对改变量, 即需求量的平均变化幅度;

(3) $-\dfrac{\Delta Q}{Q_0} / \dfrac{\Delta P}{P_0}$ 表示在价格为 P_0 时, 需求量相对改变量对于价格相对改变量的平均变化率;

(4) $\lim\limits_{\Delta P \to 0} (-\dfrac{\Delta Q}{Q_0} / \dfrac{\Delta P}{P_0})$ 表示价格增加 1% 的幅度时, 需求量减少的百分数, 即需求量相对价格的弹性.

例 2.52 (1) 已知一个生产周期内某产品的总成本 C 是产量 x 的函数 $C(x) = \alpha e^{\beta x}$, 其中, α, β 为正常数, 试求使平均成本最小的产量; 并求平均成本最小时的总成本的边际成本.

(2) 试讨论平均成本何时单调增加, 何时单调减少.

解 (1) 生产一件产品时的平均成本 $\bar{C}(x) = \dfrac{C(x)}{x} = \dfrac{\alpha e^{\beta x}}{x}$. 令 $\bar{C}'(x) = \bar{C}'(x) = \dfrac{\alpha}{x^2}(\beta x - 1) e^{\beta x} = 0$, 由此解得唯一的驻点 $x = \dfrac{1}{\beta}$. 由于

$$\bar{C}'(x) \Big|_{x = \frac{1}{\beta}} = \left[\dfrac{(x^2 \alpha \beta^2 - 2x\alpha\beta + 2\alpha) e^{\beta x}}{x^3} \right] \Big|_{x = \frac{1}{\beta}} = \alpha \beta^3 e > 0,$$

因而当产量 $x = \dfrac{1}{\beta}$ 时, 其平均成本为极小, 也即它为最小. 当 $x = \dfrac{1}{\beta}$ 时, 由 $C'(x) = \alpha\beta e^{\beta x}$, 所以所求的总成本的边际成本为 $C'(\dfrac{1}{\beta}) = \alpha\beta e$.

(2) 令平均成本 $\bar{C}(x) = \dfrac{C(x)}{x}$ 的导数 $\bar{C}'(x) = \left(\dfrac{C(x)}{x} \right)' = \dfrac{x C'(x) - C(x)}{x^2} = 0$, 得边际成本 $C'(x)$ 等于平均成本 $\dfrac{C(x)}{x}$.

若某一产品在产量 x 时, $x C'(x) < C(x)$, 则 $\bar{C}'(x) < 0$. 此时, 平均成本将下降. 这个数学结论是符合经济直觉的, 因为此时意味着第 $x+1$ 件产品的成本小于平均成本, 它的生产将自然降低平均成本. 反之, 若在产量 x 时, $x C'(x) > C(x)$, 则 $\bar{C}'(x) > 0$, 即平均成本上升. 其原因是第 $x+1$ 件产品的成本超过了平均成本, 它的生产将自然是增加平均成本.

例 2.53 已知生产某产品的成本函数 $C = aq^2 + bq + c$, 需求函数为 $q = \dfrac{1}{e}(d - p)$, 其中 C 为成本, q 为需求量 (即产量), p 为单价; a, b, c, d, e 都是正常数, 且 $d > b$. 求: (1) 利润最大时的产量及最大利润; (2) 需求对价格的弹性; (3) 需求对价格弹性的绝对值为 1 时的产量.

解 (1) 由 $q = \dfrac{1}{e}(d - p)$, 有 $p = d - eq$, 于是收益函数为 $R = (d - eq)q$, 从而利润函数

是 $L=R-C=-(a+\mathrm{e})q^2+(d-b)q-c$，由

$$\frac{\mathrm{d}L}{\mathrm{d}q}=-2(a+\mathrm{e})q+d-b=0,$$

得驻点 $q_0=\dfrac{d-b}{2(a+\mathrm{e})}$．又由 $\dfrac{\mathrm{d}^2L}{\mathrm{d}q^2}=-2(a+\mathrm{e})<0$，知 q_0 为极大值点也即最大值点．因此当产量

为 $\dfrac{d-b}{2(a+\mathrm{e})}$ 时，可获最大利润 $L(q_0)=\dfrac{(d-b)^2}{4(a+\mathrm{e})}-c$．

（2）需求对价格的弹性 $\dfrac{Eq}{Ep}=-\dfrac{p}{q}\cdot\dfrac{\mathrm{d}q}{\mathrm{d}p}=-\dfrac{p}{\frac{1}{\mathrm{e}}(d-p)}\cdot\left(-\dfrac{1}{\mathrm{e}}\right)=\dfrac{p}{d-p}$．

（3）由已知得 $\dfrac{Eq}{Ep}=\dfrac{p}{d-p}=1$，于是 $p=\dfrac{1}{2}d,q=\dfrac{1}{\mathrm{e}}(d-p)=\dfrac{d}{2\mathrm{e}}$，即需求对价格弹性的绝

对值为 1 时，产量为 $\dfrac{d}{2\mathrm{e}}$．

例 2.54　某企业的生产函数（或称总产量函数）为 $Q=g(L)$，Q 为产品产量，L 为劳动力数量；需求函数为 $p=\varphi(Q)$，其中 p 是产品价格；劳动力供给函数为 $W=h(L)$，其中 W 为工资率，即每个劳动力所付工资额．该企业以利润最大化为目标，在只考虑劳动力成本的情况下，试推导出下列关系式：

$$p\left(1-\frac{1}{E_d}\right)\cdot M_p=W\left(1+\frac{1}{\theta}\right).$$

其中，$E_d=-\dfrac{p\mathrm{d}Q}{Q\mathrm{d}p}$ 为需求弹性；$\theta=\dfrac{W\mathrm{d}L}{L\mathrm{d}W}$ 为劳动力供给弹性；M_p 为边际产量．

证明　不计固定成本只考虑劳动力成本时，该企业生产的利润函数为

$$\pi(L)=R-C=pQ-WL,$$

其中，$p=\varphi(Q)$，$Q=g(L)$，$W=h(L)$，则

$$\frac{\mathrm{d}\pi}{\mathrm{d}L}=p\frac{\mathrm{d}Q}{\mathrm{d}L}+Q\frac{\mathrm{d}p}{\mathrm{d}L}-L\frac{\mathrm{d}W}{\mathrm{d}L}-W=p\frac{\mathrm{d}Q}{\mathrm{d}L}+Q\frac{\mathrm{d}p}{\mathrm{d}Q}\frac{\mathrm{d}Q}{\mathrm{d}L}-L\frac{\mathrm{d}W}{\mathrm{d}L}-W,令\frac{\mathrm{d}\pi}{\mathrm{d}L}=0,$$

得

$$p\frac{\mathrm{d}Q}{\mathrm{d}L}+Q\frac{\mathrm{d}p}{\mathrm{d}Q}\frac{\mathrm{d}Q}{\mathrm{d}L}=L\frac{\mathrm{d}W}{\mathrm{d}L}+W,$$

即有

$$p\left(1+\frac{1}{\frac{p\mathrm{d}Q}{Q\mathrm{d}p}}\right)\frac{\mathrm{d}Q}{\mathrm{d}L}=W\left(1+\frac{1}{\frac{W\mathrm{d}L}{L\mathrm{d}W}}\right),$$

也即

$$p\left(1-\frac{1}{E_d}\right)\cdot M_p=W\left(1+\frac{1}{\theta}\right).$$

其中，需求弹性 $E_d=-\dfrac{p\mathrm{d}Q}{Q\mathrm{d}p}$；劳动力供给弹性 $\theta=\dfrac{W\mathrm{d}L}{L\mathrm{d}W}$；边际产量 $M_p=\dfrac{\mathrm{d}Q}{\mathrm{d}L}$．

常规训练2.10

1.选择题

(1) 某商品的需求函数为 $Q=100-5p$,其中 p 为价格,Q 为销售量,则当销售量为 20 件时的边际收益为(　　).

A. 20　　　　　　B. 15　　　　　　C. 12　　　　　　D. 10

(2) 某商品的需求量 Q 为价格 p 的函数 $Q=50-p^2$,则在 $p=6$ 时,再上涨一个价格单位,需求量将(　　)单位.

A. 减少 12 个　　　B. 减少 14 个　　　C. 增加 12 个　　　D. 增加 14 个

(3) 设某种商品的需求对价格的弹性为 $\eta\%$,且 $\eta<1$,则当价格下跌 1%,收益将(　　).

A. 增加 $\eta\%$　　　B. 增加 $(1-\eta)\%$　　　C. 减少 $\eta\%$　　　D. 减少 $(1-\eta)\%$

2.填空题

(1) 设某种商品的供给函数和需求函数分别为 $Q=100-p$ 和 $Q=p^2+p+20$,其中 p 为价格,则均衡商品量为_____.

(2) 设某种产品的需求量 Q 与价格 p 的关系为 $Q=1600\times4^{-p}$,则需求对价格的弹性为_____.

(3) 设某商品的需求函数是 $x=80-p$,总成本为 $C(x)=400+2x$,其中 p,x 分别是商品的价格和销售量,则边际利润函数是_____.

3.解答题

(1) 设总成本函数 $C(Q)=0.001Q^3-0.3Q^2+40Q+1000$,求边际成本函数及 $Q=50$ 单位时的边际成本,并解释后者的经济意义.

(2) 某商品的需求函数为 $Q=100-2p$,其中 p 为价格,求收益弹性函数,并计算 $p=10$ 时的收益弹性,并解释结果的经济意义.

（3）设总利润函数 $L(Q)$（单位：元）与每日产量 Q（单位：件）的关系为 $L(Q)=100Q-5Q^2$，试确定每日生产 $5,10,15$ 件的边际利润，并说明其经济意义.

（4）某厂生产一种新产品的固定成本是 270000 元，而单位产品的变动成本为 10 元. 根据调查得出需求函数为 $Q=45000-900p$，该厂为获得最大利润，出厂价格 p 应为多少？

（5）某消费者购买甲、乙两种商品，当购买量分别为 x,y 时，消费效用函数为 $U=x^{\frac{1}{2}}y$，又知两种商品的售价分别为 $p_x=1$ 元，$p_y=4$ 元.

① 若消费者现有 48 元，问如何购买这两种商品，可得最大消费效用？

② 求在取得最大效用时现有资金为 12 元时的边际货币效用.

常规训练 2.10 详解

第3章　一元函数积分学

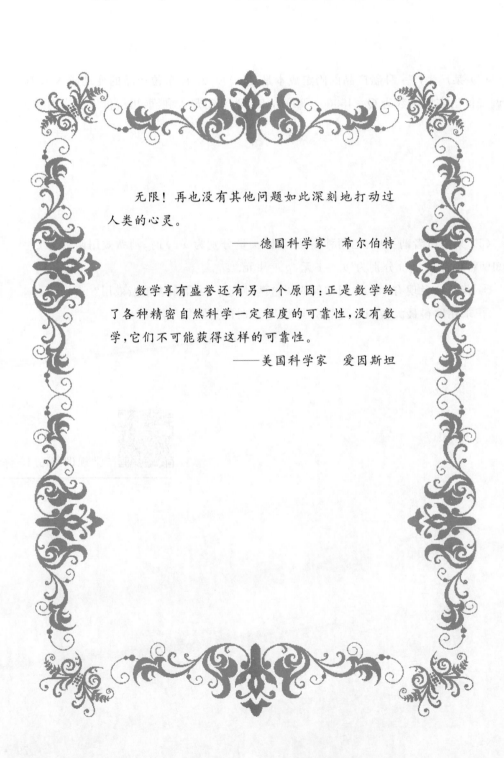

　　无限！再也没有其他问题如此深刻地打动过人类的心灵。

——德国科学家　希尔伯特

　　数学享有盛誉还有另一个原因：正是数学给了各种精密自然科学一定程度的可靠性，没有数学，它们不可能获得这样的可靠性。

——美国科学家　爱因斯坦

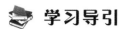 **学习导引**

　　如果说是由求物体的运动速度、曲线的切线等问题导致了导数和微分概念的产生,那么已知物体的运动速度回过头去求物体的运动位移、已知曲线每一点的切线回过头去求曲线本身的问题导致了不定积分和定积分的产生.

　　在前面的章节中,我们获知了已知一个函数,如何求解其导数和微分.接下来,我们主要研究其逆问题,即求一个未知函数,使得它的导数恰好是给定的已知函数,我们把这种运算称为积分运算.本章将从原函数的概念入手,逐步展开讨论,并给出多种积分运算方法和一些常见的积分公式.

　　熟练准确地计算不定积分、定积分,并能把所学知识灵活运用到一些几何学、物理学、经济学等问题中去将是本章学习的基本目标.

3.1　不定积分的概念与性质

3.1.1　关于原函数与不定积分的概念的几个注释

　　由"微积分及其应用教程 3.1"相关知识的学习获知,如果在区间 I 上,可导函数 $F(x)$ 的导函数为 $f(x)$,即 $\forall x \in I$,都有
$$F'(x) = f(x) \text{ 或 } \mathrm{d}F(x) = f(x)\mathrm{d}x,$$
则称函数 $F(x)$ 为 $f(x)$(或 $f(x)\mathrm{d}x$)在区间 I 上的一个原函数.

　　在区间 I 上,函数 $f(x)$ 的全体原函数称为 $f(x)$(或 $f(x)\mathrm{d}x$)在区间 I 上的不定积分,记作 $\int f(x)\ \mathrm{d}x$,即 $\int f(x)\ \mathrm{d}x = F(x) + C.$

　　关于原函数与不定积分的概念,我们有如下几个注释:

　　(1)区间 I 上连续的函数 $f(x)$ 必存在原函数.

　　$f(x)$ 在区间 I 上连续是其存在原函数的充分不必要条件,事实上,由原函数存在定理("微积分及其应用教程"定理 3.1)可知,$f(x)$ 在区间 I 上连续,则 $f(x)$ 的原函数一定存在,但 $f(x)$ 在区间 I 上不连续,其原函数也是可能存在的.如
$$f(x) = \begin{cases} 2x\cos\dfrac{1}{x} + \sin\dfrac{1}{x}, & x \neq 0, \\ 0, & x = 0. \end{cases}$$
$x = 0$ 为 $f(x)$ 的第二类间断点,但它的原函数存在,故可以验证,函数
$$F(x) = \begin{cases} x^2\cos\dfrac{1}{x}, & x \neq 0, \\ 0, & x = 0, \end{cases}$$

是 $f(x)$ 在 $(-\infty, +\infty)$ 上的一个原函数.

（2）区间 I 上存在第一类间断点的函数 $f(x)$ 不存在原函数.

事实上,反设 $x_0 \in I$ 为 $f(x)$ 的第一类间断点,且 $F(x)$ 为 $f(x)$ 在区间 I 上的一个原函数,即 $\forall x \in I, F'(x) = f(x)$,另外

$$\lim_{x \to x_0^-} f(x) = \lim_{x \to x_0^-} F'(x), \lim_{x \to x_0^+} f(x) = \lim_{x \to x_0^+} F'(x)$$

由于 x_0 为 $f(x)$ 的第一类间断点,故 $\lim_{x \to x_0^-} f(x) = \lim_{x \to x_0^+} f(x)$,则

$$\lim_{x \to x_0^-} F'(x) = \lim_{x \to x_0^+} F'(x) = F'(x_0) = f(x_0),$$

即

$$\lim_{x \to x_0^-} f(x) = \lim_{x \to x_0^+} f(x) = f(x_0),$$

这就是说 $f(x)$ 在 x_0 点连续,与 x_0 为 $f(x)$ 的第一类间断点相矛盾,所以在区间 I 上存在第一类间断点的函数 $f(x)$ 不存在原函数.若间断函数 $f(x)$ 在区间 I 上具有原函数,则 $f(x)$ 在区间 I 上只可能存在第二类间断点.

（3）初等函数在定义区间 I 上必存在原函数,但其原函数未必是初等函数.

我们知道,初等函数在定义区间上的连续性确保了原函数是存在的,例如,$f(x) = \mathrm{e}^{-x^2}$ 在定义域 $(-\infty, +\infty)$ 上是连续的,因而它存在原函数,但它的原函数不能通过有限项表示出来,从而它的原函数不是初等函数.

（4）若 $f(x)$ 在区间 I 上存在原函数,则其原函数必不唯一.

在平面上,不定积分 $\int f(x) \mathrm{d}x = F(x) + C$ 表示一簇积分曲线,它们在横坐标相同的点处彼此平行,切线的斜率都等于 $f(x)$,而对于某个取定的常数 C_0,曲线 $F(x) + C_0$ 就表示 $f(x)$ 在区间 I 上的一个原函数.

3.1.2 不定积分的直接积分法

我们通常所说的不定积分的直接积分法是指利用基本的积分公式,结合不定积分的运算性质直接求解的积分方法,作为对教材的补充,请看下面的例题.

例 3.1 求 $\int (x - \dfrac{2}{x} + \dfrac{3}{x^2}) \mathrm{d}x$.

解 $\int (x - \dfrac{2}{x} + \dfrac{3}{x^2}) \mathrm{d}x = \int x \mathrm{d}x - 2 \int \dfrac{1}{x} \mathrm{d}x + 3 \int \dfrac{1}{x^2} \mathrm{d}x$

$$= \dfrac{x^2}{2} - 2\ln|x| - \dfrac{3}{x} + C.$$

例 3.2 设 $p(x) = a_0 x^n + a_1 x^{n-1} + \cdots + a_{n-1} x + a_n$,求 $\int p(x) \mathrm{d}x$.

解 $\int p(x) \mathrm{d}x = \int a_0 x^n \mathrm{d}x + \int a_1 x^{n-1} \mathrm{d}x + \cdots + \int a_{n-1} x \mathrm{d}x + \int a_n \mathrm{d}x$

$$= \frac{a_0}{n+1}x^{n+1} + \frac{a_1}{n}x + \cdots + \frac{a_{n-1}}{2}x^2 + a_n x + C.$$

例 3.3　求 $\int (\sqrt{x} - 1)(x + \frac{1}{\sqrt{x}}) \mathrm{d}x.$

解　$\int (\sqrt{x} - 1)(x + \frac{1}{\sqrt{x}}) \mathrm{d}x = \int (x^{\frac{3}{2}} - x - x^{-\frac{1}{2}} + 1) \mathrm{d}x$

$$= \frac{2}{5}x^{\frac{5}{2}} - \frac{1}{2}x^2 - 2x^{\frac{1}{2}} + x + C.$$

注意　例 3.1、例 3.2、例 3.3 均是利用不定积分保持线性运算的性质,再结合基本的积分公式,进行分项积分而得出结果.不难发现,积分运算对于幂函数有"升幂"的效果.

例 3.4　求 $\int \frac{\cos 2x}{\cos x - \sin x} \mathrm{d}x.$

解　注意到 $\cos 2x = \cos^2 x - \sin^2 x = (\cos x + \sin x)(\cos x - \sin x),$

$$\int \frac{\cos 2x}{\cos x - \sin x} \mathrm{d}x = \int (\cos x + \sin x) \mathrm{d}x = \sin x - \cos x + C.$$

例 3.5　求 $\int \frac{\cos 2x}{\cos^2 x \cdot \sin^2 x} \mathrm{d}x.$

解　注意到 $\cos 2x = \cos^2 x - \sin^2 x$,分项积分,得

$$\int \frac{\cos 2x}{\cos^2 x - \sin^2 x} \mathrm{d}x = \int \frac{\cos^2 x - \sin^2 x}{\cos^2 x \cdot \sin^2 x} \mathrm{d}x$$

$$= \int \frac{1}{\sin^2 x} \mathrm{d}x - \int \frac{1}{\cos^2 x} \mathrm{d}x$$

$$= \int \csc^2 x \mathrm{d}x - \int \sec^2 x \mathrm{d}x$$

$$= -\cot x - \tan x + C.$$

注意　例 3.4、例 3.5 表明了三角函数参与的积分运算中,三角恒等变换是比较常用的手段,在接下来的学习中我们需要着重体会和把握.

常规训练 3.1

1.选择题

(1) 设 $\int f(x) \mathrm{d}x = \mathrm{e}^x \cos 2x + C$,则 $f(x) = (\quad)$.

A. $\mathrm{e}^x(\cos 2x - 2\sin 2x)$　　　　　　B. $\mathrm{e}^x(\cos 2x - 2\sin 2x) + C$

C. $\mathrm{e}^x \cos 2x$　　　　　　　　　　D. $-\mathrm{e}^x \sin 2x$

(2) 设 $f(x)$ 在区间 I 上的某个原函数 $F(x) \equiv 0$,则( ).

A. $f(x)$ 的任意原函数都恒等于零　　B. $f(x) \equiv C \neq 0, x \in I$

C. $f(x)$ 的不定积分恒等于零　　　　D. $f(x) \equiv 0, x \in I$

(3) 下列说法正确的是( ).

A. $f(x)$ 在区间 I 上不连续,则 $f(x)$ 不存在原函数

B. $f(x)$ 在区间 I 上连续充分必要于 $f(x)$ 在 I 上存在原函数

C. $f(x)$ 在区间 I 上存在第一类间断点,则 $f(x)$ 不存在原函数

D. $f(x)$ 在区间 I 上存在第二类间断点,则 $f(x)$ 不存在原函数

2. 填空题

(1) 已知 $y' = 2x$,且 $x = 1$ 时,$y = 2$,则 $y = $ _____.

(2) 设 $f(x) = x\mathrm{e}^{-x^2}$,则 $\int f'(x)\mathrm{d}x = $ _____.

(3) 若 $\int f(x)\mathrm{d}x = \mathrm{e}^{-x}\cos x + C$,则 $f(x) = $ _____.

3. 计算题

(1) $\int \left(\dfrac{x-1}{x}\right)^2 \mathrm{d}x$; (2) $\int \dfrac{x-9}{\sqrt{x}+3}\mathrm{d}x$;

(3) $\int 10^x \cdot 3^{2x}\mathrm{d}x$; (4) $\int (4^x + x^4)\mathrm{d}x$;

(5) $\int \dfrac{1+\cos^2 x}{1+\cos 2x}\mathrm{d}x$; (6) $\int \sec x(\sec x - \tan x)\mathrm{d}x$;

$(7) \displaystyle\int e^x (1 - \dfrac{e^{-x}}{\sqrt{x}}) \, dx;$　　　　　　　$(8) \displaystyle\int \dfrac{3x^4 + 2x^2}{x^2 + 1} \, dx.$

4. 解答题

(1) 用不定积分化简代数式 $\sin^3 x(1 + \cot x) + \cos^3 x(1 + \tan x).$

(2) 设 $f(x) = \begin{cases} 1, & x < 0, \\ x + 1, & 0 \leqslant x \leqslant 1, \\ 2x, & x > 1, \end{cases}$ 求 $\displaystyle\int f(x) dx.$

常规训练 3.1 详解

3.2　不定积分的换元积分法

3.2.1　两类换元积分法的区别与联系

由"微积分及其应用教程 3.2"相关知识的学习获知,若函数 $F(u)$ 是 $f(u)$ 的一个原函数,$u = \varphi(x)$ 可导,则有第一类换元积分公式

$$\int f[\varphi(x)] \varphi'(x) \, dx = \left[\int f(u) \, du\right]_{u = \varphi(x)} = F[\varphi(x)] + C. \tag{3-1}$$

另外,若 $x = \psi(t)$ 是单调、可导的函数,且 $\psi'(t) \neq 0$,$x = \psi(t)$ 的反函数记为 $t = \psi^{-1}(x)$,又设 $f[\psi(t)] \psi'(t)$ 具有原函数 $F(t)$,则有第二类换元积分公式

$$\int f(x) \, dx = \int f[\psi(t)] \psi'(t) \, dt = [F(t) + C]_{t = \psi^{-1}(x)} \tag{3-2}$$

关于两类换元积分法,我们有如下几个注释:

(1) 从形式上看,式(3-1)与式(3-2)是逆向的.

第一类换元积分法的关键在于利用变换 $u=\varphi(x)$ 把式(3-1)被积函数中的 $\varphi'(x)\mathrm{d}x$ 凑微分成 $\mathrm{d}u$,从而使 $\int f[\varphi(x)]\varphi'(x)\,\mathrm{d}x=\int f(u)\,\mathrm{d}u$,且 $\int f(u)\,\mathrm{d}u$ 要方便求解;而第二类换元积分法的关键在于利用可逆变换 $x=\psi(t)$,把式(3-2)被积函数中的 $\mathrm{d}x$ 换算成 $\psi'(x)\mathrm{d}x$,从而使 $\int f(x)\mathrm{d}x=\int f[\psi(t)]\psi'(t)\mathrm{d}t$,且 $\int f[\psi(t)]\psi'(t)\mathrm{d}t$ 要方便求解. 所以从形式上看,两类换元积分法是同一公式往等式的不同方向进行的两种不同的积分方法.

(2) 两类换元积分法都是通过换元变换达到容易求出原函数的目的.

第一类换元积分法把函数凑进积分变量,第二类换元积分法把积分变量换元成函数. 两类换元积分法的目的都是把不定积分的计算往相对容易的一侧进行运算,最终实现积分的简捷易求.

3.2.2 换元积分法举例

两类换元积分法虽然都做了换元变换,但它们在求解不定积分时作用各有千秋,选对了合适的换元方法,往往会达到事半功倍的效果. 下面的例题作为对教材的补充.

例 3.6 求 $\int\dfrac{\mathrm{d}x}{1-\mathrm{e}^x}$.

解法 1 $\displaystyle\int\frac{\mathrm{d}x}{1-\mathrm{e}^x}=\int\frac{\mathrm{e}^{-x}}{\mathrm{e}^{-x}-1}\mathrm{d}x=-\int\frac{1}{\mathrm{e}^{-x}-1}\mathrm{d}(\mathrm{e}^{-x}-1)$
$\qquad\qquad =-\ln|\,\mathrm{e}^{-x}-1\,|+C.$

解法 2 $\displaystyle\int\frac{\mathrm{d}x}{1-\mathrm{e}^x}=\int\frac{1-\mathrm{e}^x+\mathrm{e}^x}{1-\mathrm{e}^x}\mathrm{d}x=\int\mathrm{d}x+\int\frac{\mathrm{e}^x}{1-\mathrm{e}^x}\mathrm{d}x$
$\qquad\qquad =x-\int\frac{1}{1-\mathrm{e}^x}\mathrm{d}(1-\mathrm{e}^x)=x-\ln|\,1-\mathrm{e}^x\,|+C$
$\qquad\qquad =x-\ln(\mathrm{e}^x|\,\mathrm{e}^{-x}-1\,|)+C=-\ln|\,\mathrm{e}^{-x}-1\,|+C.$

解法 3 $\displaystyle\int\frac{\mathrm{d}x}{1-\mathrm{e}^x}=\int\frac{\mathrm{e}^x\mathrm{d}x}{\mathrm{e}^x(1-\mathrm{e}^x)}=\int\frac{\mathrm{d}\mathrm{e}^x}{\mathrm{e}^x(1-\mathrm{e}^x)}=\int\left[\frac{1}{\mathrm{e}^x}+\frac{1}{1-\mathrm{e}^x}\right]\mathrm{d}\mathrm{e}^x$
$\qquad\qquad =\ln\mathrm{e}^x-\int\frac{1}{1-\mathrm{e}^x}\mathrm{d}(1-\mathrm{e}^x)=x-\ln|\,1-\mathrm{e}^x\,|+C$
$\qquad\qquad =-\ln|\,\mathrm{e}^{-x}-1\,|+C.$

注意 一题多解对于不定积分的计算而言是普遍存在的,添项、裂项等方法的配合使用,丰富了解题思路,也提高了求解效率.

例 3.7 求 $\displaystyle\int\frac{1}{\sqrt{(x-a)(b-x)}}\mathrm{d}x,(a<b)$.

解法 1　$\displaystyle\int \frac{1}{\sqrt{(x-a)(b-x)}}\mathrm{d}x = 2\int \frac{1}{\sqrt{(b-a)-(x-a)}}\mathrm{d}\sqrt{x-a}$

$$= 2\int \frac{1}{\sqrt{1-\dfrac{x-a}{b-a}}}\mathrm{d}\sqrt{\frac{x-a}{b-a}} = 2\arcsin \sqrt{\frac{x-a}{b-a}} + C.$$

解法 2　令 $t = \sqrt{\dfrac{x-a}{b-x}}$，有 $x = \dfrac{a+bt^2}{1+t^2}$，则

$$\int \frac{1}{\sqrt{(x-a)(b-x)}}\mathrm{d}x = \int \frac{1}{x-a}\sqrt{\frac{x-a}{b-x}}\mathrm{d}x$$

$$= \int \frac{(t^2+1)t}{(b-a)t^2}\cdot \frac{2(b-a)t}{(t^2+1)^2}\mathrm{d}t = 2\int \frac{1}{1+t^2}\mathrm{d}t$$

$$= 2\arctan t + C = 2\arctan \sqrt{\frac{x-a}{b-x}} + C.$$

解法 3　令 $x - a = (b-a)\sin^2 t$，则 $b - x = (b-a)\cos^2 t$，故

$$\int \frac{1}{\sqrt{(x-a)(b-x)}}\mathrm{d}x = 2\int \mathrm{d}t = 2t + C$$

$$= 2\arcsin \sqrt{\frac{x-a}{b-a}} + C.$$

注意　一般地，无理函数的积分原则是将它有理化，或利用三角函数代换，或进行根式代换，像遇到被积函数中含有形如 $\sqrt[n]{\dfrac{ax+b}{cx+d}}$ 的表达式时，可引入 $t = \sqrt[n]{\dfrac{ax+b}{cx+d}}$ 的变换等.

例 3.8　设 $f(x)$ 的一个原函数为 $\dfrac{\sin x}{x}$，求 $\displaystyle\int xf'(2x)\mathrm{d}x$.

解　$\displaystyle\int xf'(2x)\mathrm{d}x = \frac{1}{2}\int xf'(2x)\mathrm{d}(2x)$

$$= \frac{1}{2}\int x\mathrm{d}f(2x) = \frac{1}{2}xf(2x) - \frac{1}{2}\int f(2x)\mathrm{d}x$$

$$= \frac{1}{2}xf(2x) - \frac{1}{4}\int f(2x)\mathrm{d}(2x)$$

由题设 $f(x) = \left(\dfrac{\sin x}{x}\right)' = \dfrac{x\cos x - \sin x}{x^2}$，所以

$$\int xf'(2x)\mathrm{d}x = \frac{1}{2}xf(2x) - \frac{1}{4}\frac{\sin 2x}{2x} + C = \frac{\cos 2x}{4} - \frac{\sin 2x}{4x} + C.$$

例 3.9　已知 $f(x)$ 的一个原函数为 $\dfrac{\sin x}{1+x\sin x}$，求 $\displaystyle\int f(x)f'(x)\mathrm{d}x$.

解　由题意

$$f(x) = \left(\frac{\sin x}{1+x\sin x}\right)' = \frac{\cos x - \sin^2 x}{(1+x\sin x)^2},$$

于是

$$\int f(x)f'(x)\mathrm{d}x = \int f(x)\mathrm{d}f(x) = \frac{1}{2}f^2(x) + C = \frac{(\cos x - \sin^2 x)^2}{2(1 + x\sin x)^4} + C.$$

例 3.10 设 $f'(\sin^2 x) = \cos 2x + \tan^2 x$，求 $f(x)$.

解 设 $t = \sin^2 x$，则

$$f'(t) = 1 - 2\sin^2 x + \frac{\sin^2 x}{1 - \sin^2 x} = 1 - 2t + \frac{t}{1 - t} = \frac{1}{1 - t} - 2t,$$

从而

$$f(x) = \int f'(x)\mathrm{d}x = \int(\frac{1}{1 - x} - 2x)\mathrm{d}x = -\ln|1 - x| - x^2 + C.$$

✎ 常规训练3.2

1.选择题

(1) 下列(   )不是 $\sin 2x$ 的原函数.

A. $-\frac{1}{2}\cos 2x + C$ 　　　　　　　　B. $\sin^2 x + C$

C. $-\cos^2 x + C$ 　　　　　　　　　D. $\frac{1}{2}\sin^2 x + C$

(2) $2\int \sec^2 2x\mathrm{d}x = ($ $)$.

A. $\tan 2x + C$ 　　　　　　　　　B. $\tan 2x$

C. $\tan x$ 　　　　　　　　　　　D. $\tan x + C$

(3) 设 $f(x)$ 连续，且 $\int f(x)\mathrm{d}x = F(x) + C$，则下列各式正确的是(   ).

A. $\int f(x^2)\mathrm{d}x = F(x^2) + C$

B. $\int f(3x + 2)\mathrm{d}x = F(3x + 2) + C$

C. $\int f(\mathrm{e}^x)\mathrm{d}x = F(\mathrm{e}^x) + C$

D. $\int f(\ln 2x)\frac{1}{x}\mathrm{d}x = F(\ln 2x) + C$

2.填空题

(1) 设 $\int f(x)\mathrm{d}x = \frac{1}{6}\ln(3x^2 - 1) + C$，则 $f(x) = $ _____.

(2) $\int \frac{f'(x)}{1 + f^2(x)}\mathrm{d}x = $ _____.

(3) 质点 M 沿直线运动，在某时刻 t 的加速度为 $t^2 + 2$，且当 $t = 0$ 时，速度大小为1，位移为0，则质点 M 的运动方程可表示为 _____.

3. 计算题

(1) $\displaystyle\int \mathrm{e}^{3x+2}\mathrm{d}x$；

(2) $\displaystyle\int \sin^5 x\mathrm{d}x$；

(3) $\displaystyle\int \cos^2 5x\mathrm{d}x$；

(4) $\displaystyle\int \frac{(2x+4)}{(x^2+4x+5)^2}\mathrm{d}x$；

(5) $\displaystyle\int \frac{\sin\sqrt{x}}{\sqrt{x}}\mathrm{d}x$；

(6) $\displaystyle\int \frac{x^2}{\sqrt[4]{1-2x^3}}\mathrm{d}x$；

(7) $\displaystyle\int \frac{1}{1-\sin x}\mathrm{d}x$；

(8) $\displaystyle\int \frac{\sin x+\cos x}{\sqrt[3]{\sin x-\cos x}}\mathrm{d}x$；

(9) $\displaystyle\int \frac{1}{(\arcsin x)^2\sqrt{1-x^2}}\mathrm{d}x$；

(10) $\displaystyle\int \frac{\mathrm{d}x}{x^2-2x+2}$；

(11) $\displaystyle\int \frac{1-x}{\sqrt{9-4x^2}}\mathrm{d}x$;

(12) $\displaystyle\int \frac{\sin x\cos x}{1+\sin^4 x}\mathrm{d}x$;

(13) $\displaystyle\int \frac{x^{15}}{(x^4-1)^3}\mathrm{d}x$;

(14) $\displaystyle\int \frac{1}{\sqrt{(1-x^2)^3}}\mathrm{d}x$;

(15) $\displaystyle\int \frac{1}{\sqrt{(x^2+a^2)^2}}\mathrm{d}x, (a\neq 0)$;

(16) $\displaystyle\int \frac{\sqrt{x^2-9}}{x}\mathrm{d}x$;

4. 解答题

(1) 求不定积分 $\displaystyle\int \frac{\cos x}{\sin x+\cos x}\mathrm{d}x$ 与 $\displaystyle\int \frac{\sin x}{\sin x+\cos x}\mathrm{d}x$.

(2) 设 $I_n = \int \tan^n x \mathrm{d}x,,$求证 $I_n = \dfrac{1}{n-1}\tan^{n-1}x - I_{n-2}$，并求$\int \tan^5 x \mathrm{d}x.$

常规训练 3.2 详解

3.3　不定积分的分部积分法

由"微积分及其应用教程 3.3"相关知识的学习获知，若设函数 $u(x)$、$v(x)$ 具有连续导数，则

$$\int u \ \mathrm{d}v = uv - \int v \ \mathrm{d}u. \tag{3-3}$$

我们称公式(3-3)所采用的方法为分部积分法. 关于分部积分法，关键词为"分"字，即怎样区分与选取 u 和 $\mathrm{d}v$，这对于利用分部积分法求解不定积分来说是很关键的. 我们有选作 $\mathrm{d}v$ 的部分应容易求得 v、$\int v\mathrm{d}u$ 要比 $\int u\mathrm{d}v$ 容易积出的一般性规则以及"反、对、幂、指、三"的经验性规则. 但是，积分方法并不是一成不变，需要对规则和口诀融会贯通，灵活使用. 于是，作为对教材知识点的补充，我们有如下几个注释.

(1) 被积函数只有一项，常采用的方法是把被积函数取作 u.

例 3.11　求 $\int \arcsin x \mathrm{d}x.$

解　设 $u = \arcsin x, \mathrm{d}v = \mathrm{d}x,$则

$$\int \arcsin x \mathrm{d}x = x\arcsin x - \int \frac{x}{\sqrt{1-x^2}}\mathrm{d}x$$

$$= x\arcsin x + \frac{1}{2}\int \frac{\mathrm{d}(1-x^2)}{\sqrt{1-x^2}}$$

$$= x\arcsin x + \sqrt{1-x^2} + C.$$

类似的问题有如求 $\int \arctan x \mathrm{d}x$、$\int \ln(1+x^2)\mathrm{d}x$ 等，这里就不一一阐述了.

(2) 不要拘泥于"反、对、幂、指、三"的经验性口诀的固定模式.

例 3.12　求 $I_1 = \int \mathrm{e}^x \cos x \mathrm{d}x, I_2 = \int \mathrm{e}^x \sin x \mathrm{d}x.$

解法 1　按照"反、对、幂、指、三"的口诀，设 $u = \mathrm{e}^x, \mathrm{d}v = \mathrm{d}\sin x,$有

$$I_1 = \int \mathrm{e}^x \cos x \mathrm{d}x = \int \mathrm{e}^x \mathrm{d}\sin x = \mathrm{e}^x \sin x - \int \mathrm{e}^x \sin x \mathrm{d}x$$

$$= \mathrm{e}^x \sin x + \int \mathrm{e}^x \mathrm{d}\cos x$$

$$= e^x \sin x + e^x \cos x - \int e^x \cos x \mathrm{d}x,$$

移项,得

$$I_1 = \int e^x \cos x \mathrm{d}x = \frac{1}{2} e^x (\sin x + \cos x) + C.$$

同理,可求得 $I_2 = \int e^x \sin x \mathrm{d}x = \frac{1}{2} e^x (\sin x - \cos x) + C.$

解法 2 不按照"反、对、幂、指、三"的口诀,设 $u = \cos x, \mathrm{d}v = \mathrm{d}e^x$,有

$$I_1 = \int e^x \cos x \mathrm{d}x = \int \cos x \mathrm{d}e^x = e^x \cos x + \int e^x \sin x \mathrm{d}x$$

$$= e^x \cos x + \int \sin x \mathrm{d}e^x$$

$$= e^x \cos x + e^x \sin x - \int e^x \cos x \mathrm{d}x,$$

移项,得

$$I_1 = \int e^x \cos x \mathrm{d}x = \frac{1}{2} e^x (\sin x + \cos x) + C.$$

同理,可求得 $I_2 = \int e^x \sin x \mathrm{d}x = \frac{1}{2} e^x (\sin x - \cos x) + C.$

解法 3 列出方程组求解

$$I_1 = \int e^x \cos x \mathrm{d}x = \int e^x \mathrm{d}\sin x = e^x \sin x - \int e^x \sin x \mathrm{d}x = e^x \sin x - I_2,$$

即 $I_1 + I_2 = e^x \sin x + C_1$,又

$$I_2 = \int e^x \sin x \mathrm{d}x = -\int e^x \mathrm{d}\cos x = -e^x \cos x + \int e^x \cos x \mathrm{d}x = I_1 - e^x \cos x,$$

即 $I_1 - I_2 = e^x \cos x + C_2$,求解关于 I_1、I_2 的方程组

$$\begin{cases} I_1 + I_2 = e^x \sin x + C_1, \\ I_1 - I_2 = e^x \cos x + C_2, \end{cases}$$

注意到 C_1 和 C_2 为任意常数,得

$$\begin{cases} I_1 = \int e^x \cos x \mathrm{d}x = \frac{1}{2} e^x (\sin x + \cos x) + C, \\ I_2 = \int e^x \sin x \mathrm{d}x = \frac{1}{2} e^x (\sin x - \cos x) + C. \end{cases}$$

注意 利用上面所提及的方法,我们还可以得到更一般的结果:

$$\begin{cases} \int e^{ax} \sin bx \, \mathrm{d}x = \frac{e^{ax}}{a^2 + b^2} (a\sin bx - b\cos bx) + C, \\ \int e^{ax} \cos bx \, \mathrm{d}x = \frac{e^{ax}}{a^2 + b^2} (a\cos bx + b\sin bx) + C, \end{cases}$$

读者可以自行推导.

(3)"循环型"积分常常需要移项求解.

这里提及的"循环型"积分是指像例 3.12 提到的那样,经过对原积分问题进行分部积分法后,被积表达式又再次出现.处理这类型问题的时候,常常是需要移项求解的,并且关于 u 和 $\mathrm{d}v$ 的选取前后要保持一致,类似的问题有很多,比如求 $\int\sec^3x\mathrm{d}x$、$\int\cos\ln x\mathrm{d}x$ 等,读者可自行演算.

(4)注意把分部积分法与换元积分法结合使用.

例 3.13　求 $\displaystyle\int\frac{\arctan x}{(1+x^2)^{\frac{3}{2}}}\mathrm{d}x$.

解　令 $x=\tan t$,则

$$\int\frac{\arctan x}{(1+x^2)^{\frac{3}{2}}}\mathrm{d}x=\int\frac{t\sec^2t\mathrm{d}t}{\sec^3t}=\int t\cos t\mathrm{d}t=t\sin t-\int\sin t\mathrm{d}t$$

$$=t\sin t+\cos t+C$$

$$=\frac{x\arctan x}{\sqrt{1+x^2}}+\frac{1}{\sqrt{1+x^2}}+C.$$

例 3.14　求 $\displaystyle\int\sqrt{1-x^2}\arcsin x\mathrm{d}x$.

解　令 $\arcsin x=t$,则 $x=\sin t$,$\sqrt{1-x^2}=\cos t$,$\mathrm{d}x=\cos t\mathrm{d}t$,于是

$$\int\sqrt{1-x^2}\arcsin x\mathrm{d}x=\int t\cos^2t\mathrm{d}t=\frac{1}{2}\int t(1+\cos 2t)\mathrm{d}t$$

$$=\frac{1}{4}t^2+\frac{1}{4}\int t\cos 2t\mathrm{d}(2t)=\frac{1}{4}t^2+\frac{1}{4}\int t\mathrm{d}(\sin 2t)$$

$$=\frac{1}{4}t^2+\frac{1}{4}\left(t\sin 2t-\int\sin 2t\mathrm{d}t\right)$$

$$=\frac{1}{4}t^2+\frac{1}{2}t\sin t\cos t+\frac{1}{8}\cos 2t+C$$

$$=\frac{1}{4}(\arcsin x)^2+\frac{1}{2}x\sqrt{1-x^2}\arcsin x-\frac{1}{4}x^2+C.$$

(5)利用分部积分法求不定积分的递推表达式.

例 3.15　求不定积分 $\displaystyle\int\mathrm{e}^x\sin^nx\mathrm{d}x$、$\displaystyle\int x^a\ln^nx\mathrm{d}x$.

① 记 $I_n=\displaystyle\int\mathrm{e}^x\sin^nx\mathrm{d}x$,则

$$I_n=\mathrm{e}^x\sin^nx-n\int\mathrm{e}^x\sin^{n-1}x\cos x\mathrm{d}x$$

$$=\mathrm{e}^x\sin^nx-n\mathrm{e}^x\sin^{n-1}x\cos x+n\int\mathrm{e}^x\big[(n-1)\sin^{n-2}x\cos^2x-\sin^nx\big]\mathrm{d}x$$

$$=\mathrm{e}^x\sin^nx-n\mathrm{e}^x\sin^{n-1}x\cos x+n\big[(n-1)I_{n-2}-nI_n\big],$$

于是

$$I_n = \frac{1}{1+n^2}\mathrm{e}^x(\sin^n x - n\sin^{n-1}x\cos x) + \frac{n(n-1)}{1+n^2}I_{n-2}, (n = 2,3,4,\cdots)$$

其中 $I_0 = \mathrm{e}^x + C, I_1 = \frac{1}{2}\mathrm{e}^x(\sin x - \cos x) + C.$

② 记 $I_n = \int x^\alpha \ln^n x \mathrm{d}x$，则当 $\alpha = -1$ 时，

$$I_n = \int x^{-1}\ln^n x \mathrm{d}x = \int \ln^n x \mathrm{d}\ln x = \frac{1}{n+1}\ln^{n+1}x + C;$$

当 $\alpha \neq -1$ 时，

$$I_n = \int x^\alpha \ln^n x \mathrm{d}x = \frac{1}{1+\alpha}(x^{1+\alpha}\ln^n x - n\int x^{1+\alpha}\ln^{n-1}x \cdot \frac{1}{x}\mathrm{d}x)$$

$$= \frac{1}{1+\alpha}x^{1+\alpha}\ln^n x - \frac{n}{1+\alpha}I_{n-1}, (n = 1,2,3,\cdots)$$

其中 $I_0 = \frac{1}{1+\alpha}x^{1+\alpha} + C.$

✎ 常规训练3.3

1.选择题

(1) 分部积分法计算 $\int \ln x \mathrm{d}x = ($ $).$

A. $x\ln x + \int x\mathrm{d}\ln x$ B. $x\ln x - \int x\mathrm{d}\ln x$

C. $\frac{1}{x}\ln x + \int \frac{1}{x}\mathrm{d}\ln x$ D. $\frac{1}{x}\ln x - \int \frac{1}{x}\mathrm{d}\ln x$

(2) 设 e^x 是 $f(x)$ 的一个原函数，则 $\int xf(x)\mathrm{d}x = ($ $).$

A. $\mathrm{e}^x(1-x) + C$ B. $\mathrm{e}^x(1+x) + C$

C. $\mathrm{e}^x(x-1) + C$ D. $-\mathrm{e}^x(1+x) + C$

(3) 设 $\sin 2x$ 是 $f(x)$ 的一个原函数，则 $\int xf'(x)\mathrm{d}x = ($ $).$

A. $\frac{1}{2}\sin 2x + C$ B. $\frac{1}{2}x\cos 2x - \sin 2x + C$

C. $2x\sin 2x + C$ D. $2x\cos 2x - \sin 2x + C$

2.填空题

(1) 计算 $\int x\arcsin x\mathrm{d}x$ 时，可设 $u = $ _____ ，$\mathrm{d}v = $ _____ .

(2) 计算 $\int x\mathrm{e}^{-x}\mathrm{d}x$ 时，可设 $u = $ _____ ，$\mathrm{d}v = $ _____ .

(3) $\int x\ln(x-1)\mathrm{d}x = $ _____ .

3.计算题

(1)$\int x^2 e^{-x} dx$；

(2)$\int \dfrac{\ln\ln x}{x} dx$；

(3)$\int (x+1) e^x dx$；

(4)$\int \dfrac{1+\ln x}{(x \cdot \ln x)^2} dx$；

(5)$\int \dfrac{x+1}{x(1+xe^x)} dx$；

(6)$\int (\arcsin x)^2 dx$；

(7)$\int \dfrac{\ln^2 x}{x^2} dx$；

(8)$\int \dfrac{\ln\sin x}{\sin^2 x} dx$；

(9)$\int x\sin x\cos x dx$；

(10)$\int x^2 \cos^2 \dfrac{x}{2} dx$；

$(11) \displaystyle\int \dfrac{1}{\sin 2x \cos x} \mathrm{d}x$;

$(12) \displaystyle\int \dfrac{x \mathrm{e}^x}{(\mathrm{e}^x + 1)^2} \mathrm{d}x$;

$(13) \displaystyle\int \sin \sqrt[3]{x} \, \mathrm{d}x$;

$(14) \displaystyle\int \dfrac{\ln x}{\sqrt{x+1}} \mathrm{d}x$.

4. 解答题

(1) 设 $f(\ln x) = \dfrac{\ln(1+x)}{x}$,求 $\displaystyle\int f(x) \mathrm{d}x$.

(2) 求 $\displaystyle\int \dfrac{x^n}{\sqrt{1-x^2}} \mathrm{d}x, (n \in \mathbf{Z}^+)$.

常规训练 3.3 详解

3.4　有理函数的积分

"微积分及其应用教程 3.4"介绍了一些比较简单的特殊类型函数的不定积分,包括有理函数的积分与可化为有理函数的积分,如简单无理函数、三角有理式的积分等. 作为对教材知识点的补充,我们对有理函数的不定积分以及可化为有理函数的积分等问题提供几个注释.

(1) 某种意义上来说,有理函数的积分可按一定的程序计算出来.

有理函数的积分常常可以遵循分母的一次式与二次质因式分解、有理函数的部分分式拆分、拆分式的逐项积分三个步骤实施计算,流程比较程序化.

例 3. 16　求 $\displaystyle\int \frac{x^2 - 3x + 7}{(x-1)^2(x^2 + 2x + 2)} \mathrm{d}x$.

解　$\displaystyle\int \frac{x^2 - 3x + 7}{(x-1)^2(x^2 + 2x + 2)} \mathrm{d}x$

$$= \int \left[\frac{1}{(x-1)^2} - \frac{1}{x-1} + \frac{x+3}{x^2 + 2x + 2} \right] \mathrm{d}x$$

$$= -\frac{1}{x-1} - \ln|x-1| + \frac{1}{2}\int \frac{2x+2}{x^2 + 2x + 2}\,\mathrm{d}x + 2\int \frac{1}{x^2 + 2x + 2}\,\mathrm{d}x$$

$$= -\frac{1}{x-1} - \ln|x-1| + \frac{1}{2}\int \frac{\mathrm{d}(x^2 + 2x + 2)}{x^2 + 2x + 2} + 2\int \frac{1}{(x+1)^2 + 1}\,\mathrm{d}(x+1)$$

$$= -\frac{1}{x-1} - \ln|x-1| + \frac{1}{2}\ln(x^2 + 2x + 2) + 2\arctan(x+1) + C.$$

例 3. 17　求 $\displaystyle\int \frac{2x^4 - x^3 - x + 1}{x^3 + x} \mathrm{d}x$.

解　$\displaystyle\int \frac{2x^4 - x^3 - x + 1}{x^3 + x} \mathrm{d}x = \int \left(2x - 1 + \frac{1}{x} - \frac{3x}{x^2 + 1} \right) \mathrm{d}x$

$$= x^2 - x + \ln|x| - \frac{3}{2}\int \frac{\mathrm{d}(x^2 + 1)}{x^2 + 1}$$

$$= x^2 - x + \ln|x| - \frac{3}{2}\ln(x^2 + 1) + C.$$

例 3. 18　求下列不定积分

① $\displaystyle\int \frac{1}{\sqrt{x+1} + \sqrt[3]{x+1}} \mathrm{d}x$;　　　　　　② $\displaystyle\int \frac{1}{x}\sqrt{\frac{x+1}{x-1}} \mathrm{d}x$.

解　① 令 $t^6 = x + 1$,则 $\mathrm{d}x = 6t^5 \mathrm{d}t$,故

原式 $\displaystyle= \int \frac{1}{t^3 + t^2} \cdot 6t^5 \mathrm{d}t = 6\int \frac{t^3}{t+1} = 6\int \frac{t^3 + 1 - 1}{t+1}\mathrm{d}t$

$$= 2t^3 - 3t^2 + 6t - 6\ln|t+1| + C$$

$$= 2\sqrt{x+1} - 3\sqrt[3]{x+1} + 3\sqrt[6]{x+1} - 6\ln(\sqrt[6]{x+1} + 1) + C;$$

② 令 $t = \sqrt{\dfrac{x+1}{x-1}}$,则 $x = \dfrac{t^2 + 1}{t^2 - 1}$,$\mathrm{d}x = \dfrac{-4t\mathrm{d}t}{(t^2 - 1)^2}$,故

$$\int \frac{1}{x}\sqrt{\frac{x+1}{x-1}}\mathrm{d}x = -4\int \frac{t^2 \mathrm{d}t}{(t^2 + 1)(t^2 - 1)}$$

$$= \int \left(\frac{1}{t+1} - \frac{1}{t-1} - \frac{2}{t^2+1} \right) \mathrm{d}t = \ln \left| \frac{t+1}{t-1} \right| - 2\arctan t + C$$

$$= \ln\left(\sqrt{\frac{x+1}{x-1}} + 1\right) - \ln\left|\sqrt{\frac{x+1}{x-1}} - 1\right| - 2\arctan\sqrt{\frac{x+1}{x-1}} + C.$$

注意　无理函数的积分原则上是将它有理化,若被积函数中含 $\sqrt[m]{ax+b}$ 及 $\sqrt[n]{ax+b}$,我们常常引入 $t = \sqrt[k]{ax+b}$,这里的 k 是 m,n 的最小公倍数;若被积函数中含 $\sqrt[n]{\frac{ax+b}{cx+d}}$,我们常常引入 $t = \sqrt[n]{\frac{ax+b}{cx+d}}$ 的变换进行求解.

例 3. 19　求 $\displaystyle\int \frac{\mathrm{d}x}{5+2\sin x - \cos x}$.

解　令 $t = \tan \dfrac{x}{2}$,则 $\sin x = \dfrac{2t}{1+t^2}$,$\cos x = \dfrac{1-t^2}{1+t^2}$,$\mathrm{d}x = \dfrac{2\mathrm{d}t}{1+t^2}$,则

$$\int \frac{\mathrm{d}x}{5+2\sin x - \cos x} = \int \frac{\dfrac{2\mathrm{d}t}{1+t^2}}{5 + 2\dfrac{2t}{1+t^2} - \dfrac{1-t^2}{1+t^2}} = \int \frac{\mathrm{d}t}{3t^2+2t+2},$$

而

$$\int \frac{\mathrm{d}t}{3t^2+2t+2} = \frac{1}{3}\int \frac{\mathrm{d}t}{\left(t+\dfrac{1}{3}\right)^2 + \left(\dfrac{\sqrt{5}}{3}\right)^2}$$

$$= \frac{1}{\sqrt{5}}\int \frac{\mathrm{d}\left[(3t+1)/\sqrt{5}\right]}{\left[(3t+1)/\sqrt{5}\right]^2 + 1} = \frac{1}{\sqrt{5}}\arctan\left(\frac{3t+1}{\sqrt{5}}\right) + C,$$

故

$$\int \frac{\mathrm{d}x}{5+2\sin x - \cos x} = \frac{1}{\sqrt{5}}\arctan\left(\frac{3\tan\dfrac{x}{2}+1}{\sqrt{5}}\right) + C.$$

(2) 要善于结合被积函数的实际特征,灵活选用各种积分方法.

被积函数的多样性这一客观现象,决定了我们在处理有理函数积分的相关问题时,不能一味硬性套用程序化计算步骤,而应该活学活用.

例 3. 20　求下列不定积分

① $\displaystyle\int \frac{\mathrm{d}x}{(1+x)\sqrt{2+x-x^2}}$;　　　　② $\displaystyle\int \frac{\mathrm{d}x}{a^2\sin^2 x + b^2\cos^2 x}$,$(ab \neq 0)$.

解　① **解法 1**　由于 $\dfrac{1}{(1+x)\sqrt{2+x-x^2}} = \dfrac{1}{(1+x)^2}\sqrt{\dfrac{1+x}{2-x}}$,

故令 $t = \sqrt{\dfrac{1+x}{2-x}}$,则有 $x = \dfrac{2t^2-1}{1+t^2}$,$\mathrm{d}x = \dfrac{6t}{(1+t^2)^2}\mathrm{d}t$,故

$$\int \frac{\mathrm{d}x}{(1+x)\sqrt{2+x-x^2}} = \int \frac{1}{(1+x)^2}\sqrt{\frac{1+x}{2-x}}\mathrm{d}x = \int \frac{(1+t^2)^2}{9t^4} \cdot t \cdot \frac{6t}{(1+t^2)^2}\mathrm{d}t$$

$$= \int \frac{2}{3t^2} dt = -\frac{2}{3t} + C = -\frac{2}{3} \sqrt{\frac{2-x}{1+x}} + C;$$

解法 2　$\int \dfrac{\mathrm{d}x}{(1+x)\sqrt{2+x-x^2}} = \int \dfrac{\mathrm{d}x}{(1+x)\sqrt{3(1+x)-(1+x)^2}}$

$$= \int \frac{\mathrm{d}x}{(1+x)^2 \sqrt{\dfrac{3}{1+x} - 1}} = -\frac{1}{3} \int \frac{1}{\sqrt{\dfrac{3}{1+x} - 1}} \mathrm{d}\left(\frac{3}{1+x} - 1\right)$$

$$= -\frac{2}{3} \sqrt{\frac{3}{1+x} - 1} + C.$$

② 注意到

$$\int \frac{\mathrm{d}x}{a^2 \sin^2 x + b^2 \cos^2 x} = \int \frac{\sec^2 x}{a^2 \tan^2 x + b^2} \mathrm{d}x = \int \frac{\mathrm{d}(\tan x)}{a^2 \tan^2 x + b^2},$$

故令 $t = \tan x$，就有

$$\int \frac{\mathrm{d}x}{a^2 \sin^2 x + b^2 \cos^2 x} = \int \frac{\mathrm{d}t}{a^2 t^2 + b^2} = \frac{1}{a} \int \frac{\mathrm{d}(at)}{(at)^2 + b^2}$$

$$= \frac{1}{ab} \arctan \frac{at}{b} + C = \frac{1}{ab} \arctan \left(\frac{a}{b} \tan x\right) + C.$$

注意　例 3.20 充分表明了在求解无理函数的积分问题上，方法的选择尤为关键，如该例的 ① 中，解法 1 是遵循有理函数的积分的一般流程进行计算的，工作量比较大，解法 2 则回避了常规算法的累赘，巧妙地使用凑微分法解决了问题；如该例的 ② 中，若采用万能代换法，固然最终也可以得出结果，但这样将会付出很大的计算量，远远没有上面所提供的方法简洁明快.

✐ 常规训练 3.4

1. 选择题

(1) 有理函数 $\dfrac{x+3}{x^2-5x+6}$ 可分解为(　　).

A. $\dfrac{-5}{x-2} + \dfrac{6}{x-3}$　　　　　　　　　　B. $\dfrac{5}{x-2} + \dfrac{-6}{x-3}$

C. $\dfrac{-5}{x-3} + \dfrac{6}{x-2}$　　　　　　　　　　D. $\dfrac{5}{x-3} + \dfrac{-6}{x-3}$

(2) 关于有理函数 $\dfrac{x^2+1}{(x-1)(x+1)^2}$ 的分解形式，正确的是(　　).

A. $\dfrac{A}{x-1} + \dfrac{B}{x+1}$　　　　　　　　　　B. $\dfrac{A}{x-1} + \dfrac{B}{(x+1)^2}$

C. $\dfrac{A}{x-1} + \dfrac{B}{x+1} + \dfrac{C}{(x+1)^2}$　　　　D. $\dfrac{A}{x-1} + \dfrac{B}{x+1} + \dfrac{Cx+D}{(x+1)^2}$

(3) 关于有理函数 $\dfrac{x^2+1}{(x^2-2x+2)^2}$ 的分解形式，正确的是(　　).

A. $\dfrac{Ax+B}{x^2-2x+2}$ B. $\dfrac{Ax+B}{(x^2-2x+2)^2}$

C. $\dfrac{A}{x^2-2x+2}+\dfrac{B}{(x^2-2x+2)^2}$ D. $\dfrac{Ax+B}{x^2-2x+2}+\dfrac{Cx+D}{(x^2-2x+2)^2}$

2.填空题

(1) 分解有理函数 $\dfrac{x-2}{(x-3)(x-5)}=$ _____.

(2) 分解有理函数 $\dfrac{5x^2+3}{(x+2)^3}=$ _____.

(3) $\displaystyle\int \dfrac{x-5}{(x-3)^2}\mathrm{d}x=$ _____.

3.计算题

(1) $\displaystyle\int \dfrac{x^3}{x+3}\mathrm{d}x$;   (2) $\displaystyle\int \dfrac{x+1}{(x+1)^3}\mathrm{d}x$;

(3) $\displaystyle\int \dfrac{\mathrm{d}x}{x-\sqrt[3]{3x+2}}$;   (4) $\displaystyle\int \dfrac{\mathrm{d}x}{3+\cos x}$;

(5) $\displaystyle\int \arcsin\sqrt{\dfrac{x}{1+x}}\,\mathrm{d}x$;   (6) $\displaystyle\int \dfrac{\arctan x}{x^2(1+x^2)}\mathrm{d}x$.

4.解答题

(1) 对有理式 $R(x)=\dfrac{2x^4-x^3+4x^2+9x-10}{x^5+x^4-5x^3-2x^2+4x-8}$ 做部分分式分解.

(2) 求不定积分 $\displaystyle\int \frac{\mathrm{d}x}{x(2+x^{10})}$.

常规训练 3.4 详解

3.5　定积分的概念与性质

3.5.1　关于定积分概念的几点注释

由"微积分及其应用教程 3.5"相关知识的学习获知,从乘积之和的极限意义上引入了定积分的概念,那么如何正确理解定积分的概念呢?结合"微积分及其应用教程 3.5",我们有如下几个注释.

(1) 函数 $f(x)$ 在 $[a,b]$ 上有界是 $f(x)$ 在 $[a,b]$ 可积的必要不充分条件.

若 $f(x)$ 在 $[a,b]$ 上无界,则 $f(x)$ 至少在一个子区间上无界,故可以通过介点 ξ_i 的选取使得和式 $\displaystyle\sum_{i=1}^{n} f(\xi_i)\Delta x_i$ 是无界的,即 $f(x)$ 在 $[a,b]$ 上不可积.但有界函数不一定可积,如狄利克雷函数

$$D(x)=\begin{cases}1, & x\in Q,\\ 0, & x\in Q\end{cases}$$

在 $[0,1]$ 上有界但不可积.

显然 $D(x)\leqslant 1$,则 $D(x)$ 在 $[0,1]$ 上是有界的.对于 $[0,1]$ 的任一划分,由有理数和无理数在实数中的稠密性,在每个小区间 $[x_{i-1},x_i](i=1,2,\cdots,n)$ 上取 ξ_i 全为有理数点时,$\displaystyle\sum_{i=1}^{n} D(\xi_i)\Delta x_i=\sum_{i=1}^{n}\Delta x_i=1$;在每个小区间 $[x_{i-1},x_i](i=1,2,\cdots,n)$ 上取 ξ_i 全为无理数点时,$\displaystyle\sum_{i=1}^{n} D(\xi_i)\Delta x_i=\sum_{i=1}^{n}0\cdot\Delta x_i=0$,从而 $D(x)$ 在 $[0,1]$ 上不可积.

(2) 函数 $f(x)$ 在 $[a,b]$ 的几个充分条件.

① 如果函数 $f(x)$ 在区间 $[a,b]$ 上连续,则 $f(x)$ 在 $[a,b]$ 上可积;

② 如果函数 $f(x)$ 在区间 $[a,b]$ 上有界,且只有有限个间断点,则 $f(x)$ 在 $[a,b]$ 上可积;

③ 如果函数 $f(x)$ 在区间 $[a,b]$ 上单调,则 $f(x)$ 在 $[a,b]$ 上可积.

我们只就上述充分条件③进行证明,其余读者可自行证明.为此,我们不妨假设 $f(x)$ 在区间 $[a,b]$ 上单调递增,对于 $[a,b]$ 的任一划分,记每个小区间 $[x_{i-1},x_i](i=1,2,\cdots,n)$ 的长度 $\Delta x_i=x_i-x_{i-1},\forall \xi_i\in[x_{i-1},x_i]$,由于 $f(x)$ 在 $[a,b]$ 上是单调递增的,则

$$f(a)(b-a) \leqslant \sum_{i=1}^{n} f(x_{i-1})\Delta x_i \leqslant \sum_{i=1}^{n} f(\xi_i)\Delta x_i \leqslant \sum_{i=1}^{n} f(x_i)\Delta x_i \leqslant f(b)(b-a),$$

若记 $\lambda = \max\{\Delta x_1, \Delta x_2, \cdots, \Delta x_n\}$, 有

$$0 \leqslant \sum_{i=1}^{n} f(x_i)\Delta x_i - \sum_{i=1}^{n} f(x_{i-1})\Delta x_i = \sum_{i=1}^{n}[f(x_i) - f(x_{i-1})]\Delta x_i$$

$$\leqslant \sum_{i=1}^{n}\lambda[f(x_i) - f(x_{i-1})] = \lambda\sum_{i=1}^{n}[f(x_i) - f(x_{i-1})] = \lambda[f(b) - f(a)],$$

于是, 令 $\lambda \to 0$, 有

$$0 \leqslant \lim_{\lambda \to 0}\sum_{i=1}^{n} f(x_i)\Delta x_i - \lim_{\lambda \to 0}\sum_{i=1}^{n} f(x_{i-1})\Delta x_i \leqslant \lim_{\lambda \to 0}\lambda[f(b) - f(a)] = 0,$$

则 $\exists J \in R$, 满足 $f(a)(b-a) \leqslant J \leqslant f(b)(b-a)$, 且

$$\lim_{\lambda \to 0}\sum_{i=1}^{n} f(x_i)\Delta x_i = \lim_{\lambda \to 0}\sum_{i=1}^{n} f(x_{i-1})\Delta x_i = J,$$

由夹逼准则, 得

$$\int_a^b f(x)\mathrm{d}x = \lim_{\lambda \to 0}\sum_{i=1}^{n} f(\xi_i)\Delta x_i = J.$$

注意　上述结论说明闭区间 $[a,b]$ 上的单调函数即使有无限多个间断点, 仍不失其可积性. 如定义在 $[0,1]$ 上的函数 (见图 3-1)

$$f(x) = \begin{cases} 0, & x = 0, \\ \dfrac{1}{n}, \dfrac{1}{n+1} < x \leqslant \dfrac{1}{n}, & n = 1, 2, \cdots \end{cases}$$

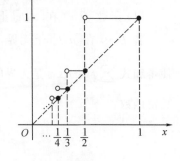

图 3-1

在区间 $[0,1]$ 上可积.

(3) 用定积分定义和几何意义求定积分.

例 3.21　① 利用定义求定积分 $\displaystyle\int_0^1 x^2 \mathrm{d}x$;

② 利用几何意义求定积分 $\displaystyle\int_0^1 \sqrt{1-x^2}\,\mathrm{d}x$.

解　① 被积函数 $f(x) = x^2$ 在 $[0,1]$ 上连续, 则 $f(x)$ 在 $[0,1]$ 上可积, 且定积分与区间 $[0,1]$ 的划分方法及点 ξ_i 的取法无关. 为了便于计算, 不妨将区间 $[0,1]$ 分成 n 等份, 分点为

$$x_i = \frac{i}{n}, i = 1, 2, \cdots, n-1,$$

每个小区间 $[x_{i-1}, x_i]$ 的长度 $\Delta x_i = \dfrac{1}{n}, i = 1, 2, \cdots, n$, 取

$$\xi_i = x_i, i = 1, 2, \cdots, n,$$

得和式

$$\sum_{i=1}^{n} f(\xi_i)\Delta x_i = \sum_{i=1}^{n} \xi_i^2 \Delta x_i = \sum_{i=1}^{n} x_i^2 \Delta x_i = \sum_{i=1}^{n}\left(\frac{i}{n}\right)^2 \cdot \frac{1}{n}$$

$$= \frac{1}{n^3}(1^2 + 2^2 + \cdots + n^2) = \frac{1}{n^3} \cdot \frac{1}{6} n (n+1)(2n+1)$$

$$= \frac{1}{6} (1 + \frac{1}{n})(2 + \frac{1}{n}).$$

当 $\lambda \to 0$ 即 $n \to \infty$ 时,上式极限即为所求的定积分,即

$$\int_0^1 x^2 \, \mathrm{d}x = \lim_{\lambda \to 0} \sum_{i=1}^{n} f(\xi_i) \Delta x_i = \lim_{n \to \infty} \frac{1}{6} (1 + \frac{1}{n})(2 + \frac{1}{n}) = \frac{1}{3}.$$

② 由定积分的几何意义,$\int_0^1 \sqrt{1 - x^2} \, \mathrm{d}x$ 表示图 3-2 中半径为 1

的四分之一圆的面积,故

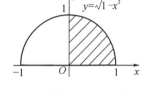

$$\int_0^1 \sqrt{1 - x^2} \, \mathrm{d}x = \frac{1}{4} \cdot \pi \cdot 1^2 = \frac{\pi}{4}.$$

(4)用定积分定义求极限.

图 3-2

例 3.22 求极限 $I = \lim\limits_{n \to +\infty} \frac{1}{n^2}[\sqrt{n^2 - 1} + \sqrt{n^2 - 2^2} + \cdots + \sqrt{n^2 - (n-1)^2}]$.

解 注意到上面例题的结论:$\int_0^1 \sqrt{1 - x^2} \, \mathrm{d}x = \frac{\pi}{4}$,有

$$I = \lim_{n \to +\infty} \left\{ \frac{1}{n} \left[\sqrt{1 - (\frac{0}{n})^2} + \sqrt{1 - (\frac{1}{n})^2} + \cdots + \sqrt{1 - (\frac{n-1}{n})^2} \right] - \frac{1}{n} \right\}$$

$$= \lim_{n \to +\infty} \sum_{i=0}^{n-1} \sqrt{1 - (\frac{i}{n})^2} \cdot \frac{1}{n} - \lim_{n \to +\infty} \frac{1}{n} = \int_0^1 \sqrt{1 - x^2} \, \mathrm{d}x = \frac{\pi}{4}.$$

(5)定积分的近似计算.

设函数 $f(x)$ 在区间 $[a,b]$ 上连续,用分点 $x_i = a + i \frac{b-a}{n} (i = 1,2,\cdots,n)$ 将区间 $[a,b]$

分成 n 个长度相等的小区间,每个小区间的长度为 $\Delta x_i = \frac{b-a}{n}$,在小区间 $[x_{i-1}, x_i]$ 上,取

$\xi_i = x_{i-1}, i = 1,2,\cdots,n$,则

$$\int_a^b f(x) \, \mathrm{d}x = \lim_{n \to \infty} \frac{b-a}{n} \sum_{i=1}^{n} f(x_{i-1}),$$

从而对于任一确定的正整数 n,有

$$\int_a^b f(x) \, \mathrm{d}x \approx \frac{b-a}{n} \sum_{i=1}^{n} f(x_{i-1}).$$

记 $f(x_i) = y_i, i = 0,1,\cdots,n$,则上式可记作

$$\int_a^b f(x) \, \mathrm{d}x \approx \frac{b-a}{n} (y_0 + y_1 + \cdots + y_{n-1}). \tag{3-4}$$

如果取 $\xi_i = x_i, i = 1,2,\cdots,n$,则上式成为

$$\int_a^b f(x) \, \mathrm{d}x \approx \frac{b-a}{n} (y_1 + y_2 + \cdots + y_n). \tag{3-5}$$

以上求定积分近似值的方法称为**矩形法**,公式(3-4)、公式(3-5)称为矩形法公式.若将

曲线 $y = f(x)$ 上的每个小弧段 $M_{i-1}M_i$ 用直线段 $\overline{M_{i-1}M_i}$ 代替,即对矩形法公式(3-4)、公式(3-5)取平均值,可进一步得到

$$\int_a^b f(x)\,\mathrm{d}x \approx \frac{b-a}{n}\left(\frac{y_0+y_1}{2}+\frac{y_1+y_2}{2}+\cdots+\frac{y_{n-1}+y_n}{2}\right)$$

$$= \frac{b-a}{n}\left(\frac{y_0+y_n}{2}+y_1+y_2+\cdots+y_{n-1}\right). \tag{3-6}$$

式(3-6)称为计算定积分近似值的梯形法公式.若将曲线 $y = f(x)$ 上的两个小弧段 $M_{i-1}M_i$ 和 M_iM_{i+1} 合起来,用过三点 M_{i-1},M_i,M_{i+1} 的抛物线所代替,再经过推导,我们可得到

$$\int_a^b f(x)\,\mathrm{d}x \approx \frac{b-a}{3n}\left[(y_0+4y_1+y_2)+(y_2+4y_3+y_4)+\cdots+(y_{n-2}+4y_{n-1}+y_n)\right]$$

$$= \frac{b-a}{3n}\left[y_0+y_n+4(y_1+y_3+\cdots+y_{n-1})+2(y_2+y_4+\cdots+y_{n-2})\right]. \tag{3-7}$$

式子(3-7)称为计算定积分近似值的抛物线法(又称辛普森)公式.

例 3.23   分别按梯形法公式和抛物线法公式计算定积分 $\int_0^1 \frac{1}{1+x^2}\mathrm{d}x$ 的近似值(取 $n = 10$,计算时取 5 位小数).

解   将区间 $[0,1]$ 分成 10 等分,计算被积函数在各分点处的函数值 y_i,并列表:

i	x_i	y_i
0	0.0	1.00000
1	0.1	0.99010
2	0.2	0.96154
3	0.3	0.91743
4	0.4	0.86207
5	0.5	0.80000
6	0.6	0.73530
7	0.7	0.67114
8	0.8	0.60976
9	0.9	0.55249
10	1.0	0.50000

按梯形法公式(3-6)求得近似值为

$$S_1 = 0.78498;$$

按抛物线法公式(3-7)求得近似值为

$$S_2 = 0.78540;$$

本积分的精确值为

$$\frac{\pi}{4} = 0.78539815\cdots,$$

用 S_2 作为积分的近似值,其误差小于 10^{-5}.

以上三种求定积分的数值解法使定积分在计算机中实现成为可能,目前已有很多现成的数学软件可用于定积分的近似计算.

3.5.2　关于定积分性质的几点应用

(1) 利用定积分性质证明相关问题.

例 3.24　① 证明 $\lim\limits_{n\to\infty}\int_0^{2\pi}\dfrac{\sin nx}{x^2+n^2}\mathrm{d}x = 0$;

② 证明 $\dfrac{1}{3} < \int_{\frac{\pi}{4}}^{\frac{\pi}{3}}\dfrac{\tan x}{x}\mathrm{d}x < \dfrac{\sqrt{3}}{4}$.

证明　① $0 \leqslant \left|\int_0^{2\pi}\dfrac{\sin nx}{x^2+n^2}\mathrm{d}x\right| \leqslant \int_0^{2\pi}\left|\dfrac{\sin nx}{x^2+n^2}\right|\mathrm{d}x \leqslant \int_0^{2\pi}\dfrac{1}{x^2+n^2}\mathrm{d}x$

$$\leqslant \int_0^{2\pi}\frac{1}{n^2}\mathrm{d}x = \frac{1}{n^2}\cdot\int_0^{2\pi}\mathrm{d}x = \frac{2\pi}{n^2},$$

由夹逼准则,可得 $\lim\limits_{n\to\infty}\int_0^{2\pi}\dfrac{\sin nx}{x^2+n^2}\mathrm{d}x = 0$;

② $f(x) = \dfrac{\tan x}{x}$ 在 $x \in \left[\dfrac{\pi}{4},\dfrac{\pi}{3}\right]$ 上连续,$(x - \sin x\cos x)' = 1 - \cos 2x > 0$,故 $y = x$

$-\sin x\cos x$ 在 $\left[\dfrac{\pi}{4},\dfrac{\pi}{3}\right]$ 上严格单调递增,有 $x - \sin x\cos x > 0$,于是

$$f'(x) = \left(\frac{\tan x}{x}\right)' = \frac{x - \sin x\cos x}{x^2\cos^2 x} > 0,$$

从而 $f(x)$ 在 $\left[\dfrac{\pi}{4},\dfrac{\pi}{3}\right]$ 上严格单调递增,故区间端点即为极值点

$$m = f\left(\frac{\pi}{4}\right) = \frac{4}{\pi}, M = f\left(\frac{\pi}{3}\right) = \frac{3\sqrt{3}}{\pi},$$

注意到 $f(x)$ 的严格递增性以及性质 4,得

$$\frac{\pi}{12}\cdot\frac{4}{\pi} < \int_{\frac{\pi}{4}}^{\frac{\pi}{3}}\frac{\tan x}{x}\mathrm{d}x < \frac{\pi}{12}\cdot\frac{3\sqrt{3}}{\pi},\ \text{即}\ \frac{1}{3} < \int_{\frac{\pi}{4}}^{\frac{\pi}{3}}\frac{\tan x}{x}\mathrm{d}x < \frac{\sqrt{3}}{4}.$$

(2) 估计定积分值的范围.

例 3.25　估计定积分 $\int_0^2 x\mathrm{e}^{-x}\mathrm{d}x$ 的值.

解　设 $f(x) = x\mathrm{e}^{-x}(0 \leqslant x \leqslant 2)$,先求 $f(x)$ 在 $[0,2]$ 上的最小值 m 及最大值 M. 由

$$f'(x) = (1-x)\mathrm{e}^{-x}, \text{令}\ f'(x) = 0, \text{得}\ x = 1,$$

比较　　　　　　　　　　$f(0) = 0, f(1) = \mathrm{e}^{-1}, f(2) = 2\mathrm{e}^{-2},$

得 $$m = 0, M = \mathrm{e}^{-1}.$$

由性质 4 得

$$0 \leqslant \int_0^2 x \mathrm{e}^{-x} \mathrm{d}x \leqslant 2\mathrm{e}^{-1}.$$

常规训练 3.5

1.选择题

(1) 若 a, b 为常数,定积分 $\int_a^b f(x)\, \mathrm{d}x$ 表示(　　).

A. 一族函数　　　　　　　　　B. $f(x)$ 的一个原函数

C. 一个常数　　　　　　　　　D. 一个非负常数

(2) 下列说法正确的是(　　).

A. 若在区间 $[a, b]$ 上,$f(x) \neq g(x)$,则 $\int_a^b f(x)\, \mathrm{d}x \neq \int_a^b g(x)\, \mathrm{d}x$

B. 若 $f(x)$ 在区间 $[a, b]$ 上可积,$[c, d] \subseteq [a, b]$,则 $\int_c^d f(x)\, \mathrm{d}x \leqslant \int_a^b g(x)\, \mathrm{d}x$

C. 若 $f(x)$ 在某一区间 I 上单调,则 $f(x)$ 在区间 I 上可积

D. 取整函数 $f(x) = [x]$ 在任意有限闭区间 I 上均可积

(3) 关于 $\int_3^4 \ln x\, \mathrm{d}x$ 与 $\int_3^4 (\ln x)^2\, \mathrm{d}x$ 的大小关系,正确的是(　　).

A. 大于　　　　　B. 小于　　　　　C. 等于　　　　　D. 无法确定

2.填空题

(1) 利用定积分的几何意义,得 ① $\int_0^1 2x\, \mathrm{d}x = $ _____ ;② $\int_0^{2\pi} \sin x\, \mathrm{d}x = $ _____ .

(2) 极限 $\lim\limits_{n \to \infty} \dfrac{\pi}{n} \left(\dfrac{1}{n} \cos \dfrac{1}{n} + \dfrac{2}{n} \cos \dfrac{2}{n} + \cdots + \dfrac{n-1}{n} \cos \dfrac{n-1}{n} + \cos 1 \right)$ 可表示成定积分

$= $ _____ .

(3) 曲线 $y = x(x-1)(x-2)$ 与 x 轴所围成的图形的面积用定积分可表示为_____ .

3.计算题

(1) 利用定义求积分 $\int_0^1 \mathrm{e}^x \mathrm{d}x$;　　　　　　(2) 利用定义求积分 $\int_0^2 x^3 \mathrm{d}x$;

4.解答题

(1) 比较大小:① $\int_{-1}^{1} \sqrt{1+x^4}\,\mathrm{d}x$ 与 $\int_{-1}^{1}(1+x^2)\,\mathrm{d}x$;② $\int_{0}^{\frac{\pi}{2}}(1-\cos x)\,\mathrm{d}x$ 与 $\int_{0}^{\frac{\pi}{2}}\frac{1}{2}x^2\,\mathrm{d}x$.

(2) 设 $f(x)$ 在 $[0,1]$ 上有连续的一阶导数,且 $f(0)=f(1)=0$,试证: $\int_{0}^{1}|f(x)|\,\mathrm{d}x \leqslant \frac{M}{4}$,其中 $M=\max\limits_{0\leqslant x\leqslant 1}|f'(x)|$.

常规训练 3.5 详解

3.6　微积分基本定理

3.6.1　关于变限积分函数的几点注释

由"微积分及其应用教程 3.6"相关知识的学习获知,若设函数 $f(x)$ 在区间 $[a,b]$ 上可积,我们可以得到一个定义在 $[a,b]$ 上的函数

$$\varPhi(x)=\int_{a}^{x}f(t)\,\mathrm{d}t\,(a\leqslant x\leqslant b),$$

我们称 $\varPhi(x)$ 为积分上限的函数或称为变上限积分. 一般的,我们称函数

$$\int_{v(x)}^{u(x)}f(t)\,\mathrm{d}t$$

为变限积分函数. 如何正确理解变限积分函数的概念呢?结合"微积分及其应用教程 3.6",我们有如下几个注释.

(1)若函数 $f(x)$ 在区间 $[a,b]$ 上连续,则变上限积分函数

$$\varPhi(x)=\int_{a}^{x}f(t)\,\mathrm{d}t$$

在 $[a,b]$ 上可导,且有

$$\varPhi'(x)=\frac{\mathrm{d}}{\mathrm{d}x}\int_{a}^{x}f(t)\,\mathrm{d}t=f(x)\ (a\leqslant x\leqslant b). \tag{3-8}$$

上述结论在"微积分及其应用教程"定理3.10中获得了证明,它是导出牛顿—莱布尼茨公式的根据,它是微积分学的核心内容与理论基础,需要我们重点关注.

(2) 若函数 $f(x)$ 在区间 $[a,b]$ 上可积,则变上限积分函数

$$\Phi(x) = \int_a^x f(t)\,\mathrm{d}t$$

在 $[a,b]$ 上连续,但未必可导.

事实上,$\forall x \in [a,b]$,取 Δx 充分小,使得 $x + \Delta x \in [a,b]$(若 $x = a$,取 $\Delta x > 0$;若 $x = b$,取 $\Delta x < 0$),因 $f(x)$ 在区间 $[a,b]$ 上可积,故 $f(x)$ 在区间 $[a,b]$ 上有界,设 $|f(x)| \leqslant M$,于是

$$|\Phi(x + \Delta x) - \Phi(x)| = \left| \int_a^{x+\Delta x} f(t)\,\mathrm{d}t - \int_a^x f(t)\,\mathrm{d}t \right| = \left| \int_x^{x+\Delta x} f(t)\,\mathrm{d}t \right|$$

$$\leqslant \int_x^{x+\Delta x} |f(t)|\,\mathrm{d}t \leqslant M|\Delta x|,$$

所以,$\lim\limits_{\Delta x \to 0} |\Phi(x + \Delta x) - \Phi(x)| = 0$,即 $\forall x \in [a,b]$,$\lim\limits_{\Delta x \to 0} \Phi(x + \Delta x) = \Phi(x)$,这就说明变上限积分函数 $\Phi(x) = \int_a^x f(t)\,\mathrm{d}t$ 在 $[a,b]$ 上连续. 但我们也注意到,如

$$f(x) = \operatorname{sgn}(x) = \begin{cases} -1, & -1 \leqslant x < 0, \\ 0, & x = 0, \\ 1, & 0 < x \leqslant 1, \end{cases}$$

在 $[-1,1]$ 上是有界的,且只有一个第一类间断点,则 $\operatorname{sgn}(x)$ 在区间 $[-1,1]$ 上可积,但

当 $-1 \leqslant x < 0$ 时,$\Phi(x) = \int_{-1}^x \operatorname{sgn}(t)\,\mathrm{d}t = \int_{-1}^x (-1)\,\mathrm{d}t = -x - 1$;

当 $x = 0$ 时,$\Phi(x) = \int_{-1}^0 \operatorname{sgn}(t)\,\mathrm{d}t = \int_{-1}^0 (-1)\,\mathrm{d}t = -1$;

当 $0 < x \leqslant 1$ 时,$\Phi(x) = \int_{-1}^x \operatorname{sgn}(t)\,\mathrm{d}t = \int_{-1}^0 (-1)\,\mathrm{d}t + \int_0^x \mathrm{d}t = x - 1$,

所以,$\forall x \in [-1,1]$,$\Phi(x) = \int_{-1}^x \operatorname{sgn}(t)\,\mathrm{d}t = |x| - 1$,在 $x = 0$ 处不可导.

(3) 变限积分函数的运算举例.

例 3.26　求下列极限:

①$I_1 = \lim\limits_{x \to 0} \dfrac{\int_0^x (x-t)\sin t^2\,\mathrm{d}t}{(x^2 + x^3)(1 - \sqrt{1-x^2})}$;②$I_2 = \lim\limits_{x \to 0} \dfrac{\int_0^x \left[\int_0^{u^2} \arctan(1+t)\,\mathrm{d}t \right]\mathrm{d}u}{(x + x^2)(1 - \cos x)}$.

解　① 注意到 $x \to 0$ 时,$(1 - \sqrt{1-x^2}) \sim -\dfrac{1}{2}(-x^2)$,$x^2 + x^3 \sim x^2$,则有

$$I_1 = \lim_{x \to 0} \frac{\dfrac{\mathrm{d}}{\mathrm{d}x}\left[\int_0^x (x-t)\sin t^2\,\mathrm{d}t \right]}{\dfrac{\mathrm{d}}{\mathrm{d}x}\left(\dfrac{x^4}{2} \right)} = \lim_{x \to 0} \frac{\dfrac{\mathrm{d}}{\mathrm{d}x}\left[x - \int_0^x \sin t^2\,\mathrm{d}t - \int_0^x t - \sin t^2\,\mathrm{d}t \right]}{\dfrac{\mathrm{d}}{\mathrm{d}x}\left(\dfrac{x^4}{2} \right)}$$

$$= \lim_{x \to 0} \frac{\int_0^x \sin t^2\,\mathrm{d}t + x\sin x^2 - x\sin x^2}{2x^3} = \lim_{x \to 0} \frac{\int_0^x \sin t^2\,\mathrm{d}t}{2x^3}$$

$$= \lim_{x \to 0} \frac{\sin x^2}{6x^2} = \frac{1}{6}.$$

② 注意到 $x \to 0$ 时, $1 - \cos x \sim \frac{1}{2}x^2, x + x^2 - x$, 则有

$$I_2 = \lim_{x \to 0} \frac{\int_0^x \left[\int_0^{u^2} \arctan(1+t)\mathrm{d}t \right]\mathrm{d}u}{\frac{x^3}{2}} = \lim_{x \to 0} \frac{\int_0^{x^2} \arctan(1+t)\mathrm{d}t}{\frac{3}{2}x^2}$$

$$= \lim_{x \to 0} \frac{2x\arctan(1+x^2)}{3x} = \frac{\pi}{6}.$$

注意　一般情况下,对变限积分函数求导时,应设法把被积函数中含 x 的因子提取到积分号外面去,然后利用变限积分函数的求导公式求导.

例 3. 27　设函数 $f(x)$ 在区间 $[a,b]$ 上连续且单调递增,证明:

$$\int_a^b xf(x)\ \mathrm{d}x \geqslant \frac{1}{2}(a+b)\int_a^b f(x)\ \mathrm{d}x.$$

证明　根据待证的不等式,构造辅助函数

$$F(x) = \int_a^x tf(t)\ \mathrm{d}t - \frac{1}{2}(a+x)\int_a^x f(t)\ \mathrm{d}t, x \in [a,b].$$

显然, $F(x)$ 可导且 $F(a) = 0$, 有

$$F'(x) = xf(x) - \frac{1}{2}(a+x)f(x) - \frac{1}{2}\int_a^x f(t)\ \mathrm{d}t$$

$$= \frac{1}{2}(x-a)f(x) - \frac{1}{2}\int_a^x f(t)\ \mathrm{d}t,$$

因 $f(x)$ 连续,由积分中值定理有 $\int_a^x f(t)\ \mathrm{d}t = f(\xi)(x-a), (a < \xi < x)$, 则

$$F'(x) = \frac{1}{2}(x-a)f(x) - \frac{1}{2}(x-a)f(\xi) = \frac{1}{2}(x-a)[f(x) - f(\xi)] \geqslant 0,$$

于是, $F(x)$ 在 $[a,b]$ 上单调递增,则有 $F(b) \geqslant F(a) = 0$, 即

$$\int_a^b xf(x)\ \mathrm{d}x \geqslant \frac{1}{2}(a+b)\int_a^b f(x)\ \mathrm{d}x.$$

例 3. 28　设函数 $f(x)$ 在区间 $[0,1]$ 上连续,证明

$$\int_0^1 f^2(x)\ \mathrm{d}x \geqslant \left(\int_0^1 f(x)\ \mathrm{d}x \right)^2.$$

证明　根据待证的不等式,构造辅助函数

$$F(x) = x\int_0^x f^2(t)\ \mathrm{d}t - \left(\int_0^x f(t)\ \mathrm{d}t \right)^2, x \in [0,1].$$

显然, $F(x)$ 可导且 $F(0) = 0$, 有

$$F'(x) = xf^2(x) + \int_0^x f^2(t)\ \mathrm{d}t - 2f(x)\int_0^x f(t)\ \mathrm{d}t$$

$$= \int_0^x [f(x) - f(t)]^2\ \mathrm{d}t \geqslant 0,$$

于是,$F(x)$ 在 $[0,1]$ 上单调递增,则有 $F(1) \geqslant F(0) = 0$,即

$$\int_0^1 f^2(x) \, \mathrm{d}x \geqslant \left(\int_0^1 f(x) \, \mathrm{d}x \right)^2.$$

注意   例 3.27、例 3.28 充分说明了利用变限积分函数证明积分不等式,是一种很有效的方法. 利用这种方法时,我们要注意根据待证不等式的特征,合理构造辅助函数.

3.6.2   定积分与不定积分的联系与区别

我们知道,不定积分是一簇原函数构成的函数集合,而定积分是一个极限对应的数值,但仅仅从定义上来区分两者是远远不够的,我们有如下几个注释.

(1) 在区间 $[a,b]$ 上,存在原函数的函数 $f(x)$ 未必是可积的;反之,在区间 $[a,b]$ 上可积的函数不一定有原函数.

事实上,函数

$$F(x) = \begin{cases} x^2 \cos \dfrac{1}{x^2}, & x \neq 0, \\ 0, & x = 0, \end{cases}$$

在 $[-1,1]$ 上处处可导,且

$$F'(x) = f(x) = \begin{cases} 2x \sin \dfrac{1}{x^2} - \dfrac{2}{x} \cos \dfrac{1}{x^2}, & x \neq 0, \\ 0, & x = 0. \end{cases}$$

因此,函数 $f(x)$ 在 $[-1,1]$ 上存在原函数 $F(x)$,但 $f(x)$ 在 $[-1,1]$ 上无界,故 $f(x)$ 在 $[-1,1]$ 上不可积.

另外,符号函数

$$f(x) = \operatorname{sgn}(x) = \begin{cases} -1, & -1 \leqslant x < 0, \\ 0, & x = 0, \\ 1, & 0 < x \leqslant 1, \end{cases}$$

在 $[-1,1]$ 上是有界的,且只有一个第一类间断点,所以 $\operatorname{sgn}(x)$ 在区间 $[-1,1]$ 上可积,但正因为它存在 $x = 0 \in [-1,1]$ 这样的第一类间断点,所以它不存在原函数.

(2) 连续函数的定积分值等于它任意一个原函数在积分区间上的该变量.

虽然函数存在原函数与函数可积并不是等同的概念,但如果条件得到加强,例如,函数在某个积分区间上是连续的,那么它在该区间上原函数的存在性与可积性就是一致的,即牛顿 — 莱布尼茨公式. 它建立起连续函数的定积分与其原函数之间的一种转换关系,它揭示了定积分与不定积分之间的内在联系,这为积分的计算找到了一条捷径.

例 3.29   求 $\int_0^{\frac{\pi}{4}} \tan^2 \theta \, \mathrm{d}\theta$.

解 $\int_0^{\frac{\pi}{4}} \tan^2 \theta \, \mathrm{d}\theta = \int_0^{\frac{\pi}{4}} (\sec^2 \theta - 1) \, \mathrm{d}\theta = (\tan \theta - \theta) \Big|_0^{\pi/4} = 1 - \dfrac{\pi}{4}$.

例 3.30 设 $f(x) = \begin{cases} x^2, & -1 \leqslant x \leqslant 1, \\ \mathrm{e}^{-x}, & -< x \leqslant 2, \end{cases}$ 求 $\int_0^{\frac{3}{2}} f(x)\,\mathrm{d}x$ 和 $\int_1^0 f(x)\,\mathrm{d}x$.

解 $\int_0^{\frac{3}{2}} f(x)\,\mathrm{d}x = \int_0^1 x^2\,\mathrm{d}x + \int_1^{\frac{3}{2}} \mathrm{e}^{-x}\,\mathrm{d}x = \left.\frac{x^3}{3}\right|_0^1 - \left.\mathrm{e}^{-x}\right|_1^{\frac{3}{2}} = \frac{1}{3} - \frac{1}{\sqrt{\mathrm{e}^3}} + \frac{1}{\mathrm{e}},$

$\int_1^0 f(x)\,\mathrm{d}x = -\int_0^1 f(x)\,\mathrm{d}x = -\int_0^1 x^2\,\mathrm{d}x = -\frac{1}{3}.$

常规训练 3.6

1.选择题

(1) 下列说法正确的有(　　)个.

① 若 $f(x)$ 在区间 $[a,b]$ 上可积,则 $\Phi(x) = \int_a^x f(t)\,\mathrm{d}t$ 在 $[a,b]$ 上连续,但未必可导.

② 若 $f(x)$ 在区间 $[a,b]$ 上存在原函数,则 $f(x)$ 在 $[a,b]$ 上是可积的.

③ 若 $f(x)$ 在区间 $[a,b]$ 上是可积的,则 $f(x)$ 在 $[a,b]$ 上存在原函数.

④ 若 $f(x)$ 在区间 $[a,b]$ 上连续,则 $f(x)$ 在 $[a,b]$ 上存在原函数且在 $[a,b]$ 上是可积的.

A. 1   B. 2   C. 3   D. 4

(2) 关于符号函数 $f(x) = \mathrm{sgn}\,(x)$,说法正确的是(　　).

A. $f(x) = \mathrm{sgn}\,(x)$ 在任意有限区间 $[a,b]$ 上,均存在原函数.

B. $f(x) = \mathrm{sgn}\,(x)$ 在任意有限区间 $[a,b]$ 上是可积的.

C. $f(x) = \mathrm{sgn}\,(x)$ 在任意对称区间 $[-a,a]$ 上,均是不可积的.

D. $f(x) = \mathrm{sgn}\,(x)$ 在任意有限区间 $[a,b]$ 上是否可积,与端点 a,b 有关.

(3) $x > 0$ 时,$\dfrac{\mathrm{d}}{\mathrm{d}x}\displaystyle\int_0^{x^2} \dfrac{\sin t}{\sqrt{t}}\,\mathrm{d}t = ($　　$)$.

A. $\dfrac{\sin x^2}{x}$ B. $\dfrac{\sin^2 x}{x}$ C. $2\sin x^2$ D. $2\sin^2 x$

2.填空题

(1)$\displaystyle\int_{-1}^{\sqrt{3}} \frac{1}{1+x^2}\,\mathrm{d}x = $ _____.

(2) $\dfrac{\mathrm{d}}{\mathrm{d}x}\displaystyle\int_0^{x^2} \sin t^2\,\mathrm{d}t = $ _____;$\dfrac{\mathrm{d}}{\mathrm{d}x}\displaystyle\int \sin t^2\,\mathrm{d}t = $ _____;$\dfrac{\mathrm{d}}{\mathrm{d}x}\displaystyle\int_0^1 \sin t^2\,\mathrm{d}t = $ _____.

(3) $\dfrac{\mathrm{d}}{\mathrm{d}x}\displaystyle\int_x^{\mathrm{e}^x} t \cdot \sin^2 t\,\mathrm{d}t = $ _____.

3.计算题

$(1)\displaystyle\int_0^{\frac{\pi}{4}}\sec x\tan x\mathrm{d}x;$

$(2)\displaystyle\int_{\frac{\pi}{4}}^{\frac{\pi}{2}}\cot^2 x\mathrm{d}x;$

$(3)\displaystyle\int_{\frac{\pi}{4}}^{\frac{\pi}{3}}\frac{1}{\sin^2 x\cos^2 x}\mathrm{d}x;$

$(4)\displaystyle\int_{-1}^1 |x^2-x|\mathrm{d}x;$

$(5)\displaystyle\int_0^{2\pi}\sqrt{\frac{1-\cos 2x}{2}}\mathrm{d}x;$

$(6)\displaystyle\int_0^\pi\sqrt{1+\cos 2x}\ \mathrm{d}x.$

4.解答题

(1) 设 $f(x)\in C[a,b]\bigcap D(a,b)$,且 $f'(x)\leqslant 0$,$F(x)=\dfrac{1}{x-a}\displaystyle\int_a^x f(t)\mathrm{d}t$,证明:在 (a,b) 内有 $F'(x)\leqslant 0$.

(2) 求定积分 $\displaystyle\int_{-2}^{2}\max\{x,x^2\}\mathrm{d}x$.

常规训练 3.6 详解

3.7 定积分的换元法与分部积分法

3.7.1 关于定积分计算的几点注释

我们在"微积分及其应用教程 3.7"中学习了定积分的换元法与分部积分法,由此可知,定积分的计算并不是不定积分的计算方法在牛顿 — 莱布尼茨公式下的简单"移植",而是有它自身的特点. 作为对教材的补充,我们就定积分的计算提供下面几个注释.

(1) 用特殊方法计算定积分举例.

例 3.31 计算下列定积分:

①$\displaystyle\int_{-1}^{1}\frac{2x^2+x}{1+\sqrt{1-x^2}}\mathrm{d}x$; ②$\displaystyle\int_{\pi/4}^{5\pi/4}(1+\sin^2 x)\mathrm{d}x$.

解 ① 注意到积分区间 $[-1,1]$ 关于原点对称和函数的奇偶性,有

$$\int_{-1}^{1}\frac{2x^2+x}{1+\sqrt{1-x^2}}\mathrm{d}x=\int_{-1}^{1}\frac{2x^2}{1+\sqrt{1-x^2}}\mathrm{d}x+\int_{-1}^{1}\frac{x}{1+\sqrt{1-x^2}}\mathrm{d}x$$

$$=4\int_{0}^{1}\frac{x^2}{1+\sqrt{1-x^2}}\mathrm{d}x=4\int_{0}^{1}\frac{x^2(1-\sqrt{1-x^2})}{x^2}\mathrm{d}x$$

$$=4\int_{0}^{1}\mathrm{d}x-4\int_{0}^{1}\sqrt{1-x^2}\,\mathrm{d}x,$$

由定积分的几何意义可知 $\displaystyle\int_{0}^{1}\sqrt{1-x^2}\,\mathrm{d}x=\frac{\pi}{4}$,故

$$\int_{-1}^{1}\frac{2x^2+x}{1+\sqrt{1-x^2}}\mathrm{d}x=4\int_{0}^{1}\mathrm{d}x-4\cdot\frac{\pi}{4}=4-\pi.$$

② 注意到被积函数 $f(x)=1+\sin^2 x$ 为周期 $l=\pi$ 的连续偶函数,有

$$\int_{\pi/4}^{5\pi/4}(1+\sin^2 x)\mathrm{d}x=\int_{-\pi/2}^{\pi/2}(1+\sin^2 x)\mathrm{d}x$$

$$=2\int_{0}^{\pi/2}(1+\sin^2 x)\mathrm{d}x=2\left(\frac{\pi}{2}+\int_{0}^{\pi/2}\sin^2 x\mathrm{d}x\right)$$

$$= \pi + \frac{\pi}{2} = \frac{3\pi}{2}.$$

注意 若采用常规方法求解例 3.31 的定积分,会发现过程相当复杂,但是利用奇偶函数的性质、函数的周期性质以及函数的几何性质,原积分就得以简便求解,可见一些特殊的积分方法对于定积分的计算是很有效的.

例 3.32 计算下列定积分:

① $I_1 = \int_0^{\frac{\pi}{2}} \dfrac{\mathrm{d}x}{1 + (\tan x)^a} ((\tan x)^a \neq -1)$;

② $I_2 = \int_2^4 \dfrac{\sqrt{\ln(9-x)}}{\sqrt{\ln(9-x)} + \sqrt{\ln(x+3)}} \mathrm{d}x.$

解 ① 令 $x = \dfrac{\pi}{2} - t$,则

$$I_1 = -\int_{\frac{\pi}{2}}^0 \frac{\mathrm{d}t}{1 + (\cot t)^a} = \int_0^{\frac{\pi}{2}} \frac{(\tan t)^a}{1 + (\tan t)^a} \mathrm{d}t,$$

故

$$2I_1 = \int_0^{\frac{\pi}{2}} \frac{\mathrm{d}x}{1 + (\tan x)^a} + \int_0^{\frac{\pi}{2}} \frac{(\tan t)^a}{1 + (\tan t)^a} \mathrm{d}t$$

$$= \int_0^{\frac{\pi}{2}} \left[\frac{1}{1 + (\tan t)^a} + \frac{(\tan t)^a}{1 + (\tan t)^a} \right] \mathrm{d}t = \int_0^{\frac{\pi}{2}} \mathrm{d}t = \frac{\pi}{2},$$

所以

$$I_1 = \frac{\pi}{4}.$$

② 令 $9 - x = t + 3$,则 $x + 3 = 9 - t$,于是

$$I_2 = \int_4^2 \frac{\sqrt{\ln(t+3)}}{\sqrt{\ln(t+3)} + \sqrt{\ln(9-t)}} (-\mathrm{d}t) = \int_2^4 \frac{\sqrt{\ln(t+3)}}{\sqrt{\ln(t+3)} + \sqrt{\ln(9-t)}} \mathrm{d}t,$$

故

$$2I_2 = \int_2^4 \frac{\sqrt{\ln(9-x)}}{2\sqrt{\ln(9-x)} + \sqrt{\ln(x+3)}} \mathrm{d}x + \int_2^4 \frac{\sqrt{\ln(t+3)}}{\sqrt{\ln(t+3)} + \sqrt{\ln(9-t)}} \mathrm{d}t$$

$$= \int_2^4 \mathrm{d}x = 2,$$

所以 $I_2 = 1$.

注意 像上面例 3.32 这样,若经过对原积分采用换元积分法后得到的新积分式,能和原积分进行加减运算较快的得出结果,我们常常采用定积分的代数加减法来处理此类型的问题.

例 3.33 计算 $G_n = \int_{-1}^1 (x^2 - 1)^n \mathrm{d}x$,($n$ 为正整数).

解法 1 令 $x = \cos t$,并结合"微积分及其应用教程 3.7"中例 3.67 的结论,有

$$G_n = (-1)^n \int_0^\pi \sin^{2n+1} t \, \mathrm{d}t = (-1)^n \cdot 2 \int_0^{\frac{\pi}{2}} \sin^{2n+1} t \, \mathrm{d}t$$

$$= 2 \cdot (-1)^n \cdot I_{2n+1} = \frac{2 \cdot (-1)^n \cdot (2n)!!}{(2n+1)!!};$$

解法 2　利用定积分的分部积分公式,有

$$G_n = \int_{-1}^1 (x+1)^n (x-1)^n \, \mathrm{d}x = \frac{1}{n+1} \int_{-1}^1 (x-1)^n \, \mathrm{d}(x+1)^{n+1}$$

$$= \frac{1}{n+1}(x-1)^n(x+1)^{n+1} \Big|_{-1}^1 - \frac{1}{n+1} \int_{-1}^1 (x+1)^{n+1} n(x-1)^{n-1} \, \mathrm{d}x$$

$$= -\frac{n}{(n+1)(n+2)} \int_{-1}^1 (x-1)^{n-1} \, \mathrm{d}(x+1)^{n+2}$$

$$\cdots\cdots$$

$$= (-1)^n \frac{n!}{(n+1)(n+2)\cdots(2n)} \int_{-1}^1 (x+1)^{2n} \, \mathrm{d}(x+1)$$

$$= (-1)^n \frac{(n!)^2}{(2n+1)!}(x+1)^{2n+1} \Big|_{-1}^1 = (-1)^n \frac{2^{2n+1}(n!)^2}{(2n+1)!}$$

$$= \frac{2 \cdot (-1)^n \cdot (2n)!!}{(2n+1)!!}.$$

注意　像上面例 3.33 这样含有正整数 n 的定积分,常常使用分部积分法构造递推公式,以达到简化计算的目的.

(2) 分段函数的定积分计算.

例 3.34　计算下列定积分:

① $\displaystyle\int_{-2}^3 \max\{1, x^2\} \, \mathrm{d}x$；　　　　　　　　　② $\displaystyle\int_0^2 [\mathrm{e}^x] \, \mathrm{d}x$.

解　① $\max\{1, x^2\} = \begin{cases} x^2, & x < -1, \\ 1, & -1 \leqslant x < 1, \\ x^2, & x \geqslant 1, \end{cases}$ 在区间 $[-2, 3]$ 连续,故

$$\int_{-2}^3 \max\{1, x^2\} \, \mathrm{d}x = \int_{-2}^{-1} x^2 \, \mathrm{d}x + \int_{-1}^1 \mathrm{d}x + \int_1^3 x^2 \, \mathrm{d}x$$

$$= \frac{1}{3}x^3 \Big|_{-2}^{-1} + 2 + \frac{1}{3}x^3 \Big|_1^3 = 13.$$

② 函数 $[\mathrm{e}^x]$ 在区间 $[0, 2]$ 有有限个第一类间断点,故可积,又注意到 $7 < \mathrm{e}^2 < 8$,则有

$$\int_0^2 [\mathrm{e}^x] \, \mathrm{d}x = \int_0^{\ln 2} [\mathrm{e}^x] \, \mathrm{d}x + \int_{\ln 2}^{\ln 3} [\mathrm{e}^x] \, \mathrm{d}x + \cdots + \int_{\ln 6}^{\ln 7} [\mathrm{e}^x] \, \mathrm{d}x + \int_{\ln 7}^2 [\mathrm{e}^x] \, \mathrm{d}x$$

$$= \int_0^{\ln 2} 1 \, \mathrm{d}x + \int_{\ln 2}^{\ln 3} 2 \, \mathrm{d}x + \cdots + \int_{\ln 6}^{\ln 7} 6 \, \mathrm{d}x + \int_{\ln 7}^2 7 \, \mathrm{d}x$$

$$= \ln 2 + 2(\ln 3 - \ln 2) + \cdots + 6(\ln 7 - \ln 6) + 7(2 - \ln 7)$$

$$= 14 - \ln 7!.$$

注意　例 3.34 分别给出了闭区间上连续函数与不连续函数求解定积分的两个例子,此类问题我们常常需要用定积分的性质进行分段计算.

3.7.2 关于定积分计算的两点应用

关于定积分的应用,我们在接下来的学习中会进一步涉及.这里,我们只就定积分的计算本身提供下面的几个注释:

(1)用定积分计算极限.

例 3.35 计算下列极限:

① $\lim\limits_{n\to\infty}\dfrac{1}{n^2}(\sqrt[3]{n^2}+\sqrt[3]{2n^2}+\cdots+\sqrt[3]{n^3})$;

② $\lim\limits_{n\to\infty}\dfrac{1}{n}\left(\dfrac{1}{\sqrt{n^2+1}}+\dfrac{2}{\sqrt{n^2+4}}+\cdots+\dfrac{n}{\sqrt{n^2+n^2}}\right)$.

解 ① 将区间 $[0,1]$ n 等分,则每个小区间长为 $\Delta x_i=\dfrac{1}{n}$,然后把 $\dfrac{1}{n^2}=\dfrac{1}{n}\cdot\dfrac{1}{n}$ 的一个因子 $\dfrac{1}{n}$ 乘入和式中各项,于是将所求极限转化为求定积分.即

$$\lim_{n\to\infty}\frac{1}{n^2}(\sqrt[3]{n^2}+\sqrt[3]{2n^2}+\cdots+\sqrt[3]{n^3})$$
$$=\lim_{n\to\infty}\frac{1}{n}\left(\sqrt[3]{\frac{1}{n}}+\sqrt[3]{\frac{2}{n}}+\cdots+\sqrt[3]{\frac{n}{n}}\right)$$
$$=\int_0^1\sqrt[3]{x}\,\mathrm{d}x=\frac{3}{4}.$$

② 将区间 $[0,1]$ n 等分,则每个小区间长为 $\Delta x_i=\dfrac{1}{n}$,将分子、分母同时除以 n,将所求极限转化为求定积分.即

$$\lim_{n\to\infty}\frac{1}{n}\left(\frac{1}{\sqrt{n^2+1}}+\frac{2}{\sqrt{n^2+4}}+\cdots+\frac{n}{\sqrt{n^2+n^2}}\right)$$
$$=\lim_{n\to\infty}\frac{1}{n}\left[\frac{\frac{1}{n}}{\sqrt{1+\left(\frac{1}{n}\right)^2}}+\frac{\frac{2}{n}}{\sqrt{1+\left(\frac{2}{n}\right)^2}}+\cdots+\frac{\frac{n}{n}}{\sqrt{1+\left(\frac{n}{n}\right)^2}}\right]$$
$$=\int_0^1\frac{x}{\sqrt{1+x^2}}\mathrm{d}x=\sqrt{2}-1.$$

注意 从例 3.35 的解法中可以看出,在求解一些和式的极限问题时,如果我们能够将极限和转化为积分和,就能利用定积分将所求极限迎刃而解.

(2)用定积分证明不等式.

例 3.36 设 n 为大于 1 的正整数,试证下列不等式:

① $(n-1)!<\mathrm{e}(\dfrac{n}{\mathrm{e}})^n<n!$;

② $\ln(\prod\limits_{k=1}^{n-1}k^k)\leqslant\int_2^n x\ln x\,\mathrm{d}x<\dfrac{1}{2}n^2\ln n-\dfrac{1}{4}n^2+1.$

解　① 待证的不等式等价于

$$\sum_{k=1}^{n-1}\ln k < 1 + n(\ln n - 1) < \sum_{k=1}^{n-1}\ln(k+1).$$

注意到 $x \in [k, k+1]$ 时，$\ln k < \ln x < \ln(k+1)$，有

$$\sum_{k=1}^{n-1}\ln k = \sum_{k=1}^{n-1}\int_k^{k+1}\ln k\,\mathrm{d}x < \int_1^n \ln x\,\mathrm{d}x = \sum_{k=1}^{n-1}\int_k^{k+1}\ln x\,\mathrm{d}x$$

$$< \sum_{k=1}^{n-1}\int_k^{k+1}\ln(k+1)\,\mathrm{d}x = \sum_{k=1}^{n-1}\ln(k+1),$$

由分部积分法，得

$$\int_1^n \ln x\,\mathrm{d}x = x\ln x\Big|_1^n - \int_1^n \mathrm{d}x = n(\ln n - 1) + 1,$$

从而

$$\sum_{k=1}^{n-1}\ln k < \int_1^n \ln x\,\mathrm{d}x = 1 + n(\ln n - 1) < \sum_{k=1}^{n-1}\ln(k+1).$$

② 先证明右边不等式，由分部积分法，得

$$\int_2^n x\ln x\,\mathrm{d}x = \frac{1}{2}x^2\ln x\Big|_2^n - \frac{1}{2}\int_2^n x^2\cdot\frac{1}{x}\,\mathrm{d}x$$

$$= \frac{1}{2}n^2\ln n - 2\ln 2 - \frac{1}{4}n^2 + 1$$

$$< \frac{1}{2}n^2\ln n - \frac{1}{4}n^2 + 1.$$

再证左边不等式，注意到 $\ln(\prod_{k=1}^{n-1}k^k) = \sum_{k=2}^{n-1}(k\ln k)$，有

$$\int_2^n x\ln x\,\mathrm{d}x = \sum_{k=2}^{n-1}\int_k^{k+1}x\ln x\,\mathrm{d}x \geqslant \sum_{k=2}^{n-1}\int_k^{k+1}k\ln k\,\mathrm{d}x$$

$$= \sum_{k=2}^{n-1}(k\ln k) = \ln(\prod_{k=1}^{n-1}k^k),$$

其中，当且仅当 $n = 2$ 时，左边不等式的等号成立，综上所述，命题的证.

注意　从例 3.36 的解法中可以看出，定积分的积分方法、定积分的分段可加性、不等式的性质等式证明不等式的一个有效途径.

常规训练 3.7

1. 选择题

（1）下列定积分的计算正确的是（　　）.

A. $\int_{-2}^{-1}\frac{1}{x}\,\mathrm{d}x = \ln x\Big|_{-2}^{-1} = \ln(-2) - \ln(-1)$

B. $\int_{-1}^1\frac{1}{x^2}\,\mathrm{d}x = -\frac{1}{x}\Big|_{-1}^1 = -2$

C. $\int_0^{2\pi} \sqrt{1 + \cos 2x}\, dx = \sqrt{2} \int_0^{2\pi} \cos x\, dx = 0$

D. $\dfrac{d}{dx} \int_a^b e^{ax} \sin bx\, dx = 0$

(2) $\int_{-1}^1 \dfrac{2 + \sin x}{\sqrt{4 - x^2}}\, dx = ($).

A. $\dfrac{\pi}{3}$ B. $\dfrac{2\pi}{3}$ C. $\dfrac{4\pi}{3}$ D. $\dfrac{5\pi}{3}$

(3) $\int_0^5 |2x - 4|\, dx = ($).

A. 11   B. 12   C. 13   D. 14

2. 填空题

(1) $\int_0^a x^2 \sqrt{a^2 - x^2}\, dx = $ _____ . $(a > 0)$

(2) 设 $f(x) = \begin{cases} x, & -1 \leqslant x \leqslant 0, \\ \sin^2 x, & 0 < x \leqslant 1, \end{cases}$ 则 $\int_{-1}^1 f(x)\, dx = $ _____ .

(3) 设 $f(x)$ 有一个原函数为 $1 + \sin^2 x$,则 $\int_0^{\frac{\pi}{2}} x f'(2x)\, dx = $ _____ .

3. 计算题

(1) $\int_{-1}^1 \dfrac{x\, dx}{\sqrt{5 - 4x}}$;   (2) $\int_1^4 \dfrac{dx}{\sqrt{x} + 1}$;

(3) $\int_{\frac{3}{4}}^1 \dfrac{dx}{\sqrt{1 - x} - 1}$;   (4) $\int_1^{\sqrt{3}} \dfrac{dx}{x^2 \sqrt{1 + x^2}}$;

(5) $\int_1^{e^2} \dfrac{dx}{x \sqrt{1 + \ln x}}$;   (6) $\int_{-2}^0 \dfrac{dx}{x^2 + 2x + 2}$;

(7) $\displaystyle\int_1^e \sin(\ln x)\,\mathrm{d}x$；

(8) $\displaystyle\int_{-\pi}^{\pi} \frac{|\cos x|}{\cos^2 x + 2\sin^2 x}\,\mathrm{d}x$；

(9) $\displaystyle\int_0^{\frac{\pi}{2}} \frac{\sin x}{\sin x + \cos x}\,\mathrm{d}x$；

(10) $\displaystyle\int_0^{\frac{\pi}{2}} \frac{\cos x}{\cos x + \sin x}\,\mathrm{d}x$.

4．解答题

(1) 求极限 $\displaystyle\lim_{n\to\infty} \frac{1}{n^2}(\sqrt{n} + \sqrt{2n} + \cdots + \sqrt{n^2})$.

(2) 求定积分 $I_n = \displaystyle\int_0^{\pi} \frac{\sin(2n-1)x}{\sin x}\,\mathrm{d}x,\ (n \geqslant 1)$.

(3) 设 $\in C[a,b] \bigcap D(a,b)$，且 $f(a) = f(b) = 0, M = \displaystyle\sup_{a<x<b}|f'(x)|$，证明：
$$4\int_a^b |f(x)|\,\mathrm{d}x \leqslant M(b-a)^2.$$

常规训练 3.7 详解

3.8 广义积分

我们在"微积分及其应用教程 3.8"中学习了广义积分的概念与性质,由此可知,定积分考虑的前提是积分区间的有限性和被积函数的有界性.如果违背了积分区间的有限性,则问题就延拓成无穷限区间的广义积分;如果破坏了被积函数的有界性,则问题就延拓成无界函数的广义积分(瑕积分).作为对教材的补充,我们就广义积分的性质与计算特点提供下面几个注释.

(1) 若 $\int_a^{+\infty} f(x)\mathrm{d}x$ 收敛,且 $\lim\limits_{x\to+\infty} f(x)$ 存在,则必有 $\lim\limits_{x\to+\infty} f(x) = 0$.

事实上,不妨设 $\lim\limits_{x\to+\infty} f(x) = A > 0$,则由极限的保号性知:必存在正数 $X > 0$ 与 $\eta > 0$,当 $x > X$ 时有 $f(x) \geqslant \eta > 0$.我们注意到广义积分 $\int_X^{+\infty} \eta\mathrm{d}x$ 是发散的,则 $\int_X^{+\infty} f(x)\mathrm{d}x$ 也发散,故

$$\int_a^{+\infty} f(x)\mathrm{d}x = \int_a^X f(x)\mathrm{d}x + \int_X^{+\infty} f(x)\mathrm{d}x$$

发散,这与 $\int_a^{+\infty} f(x)\mathrm{d}x$ 收敛矛盾,故 $\lim\limits_{x\to+\infty} f(x) = A = 0$.

注意 上面提到的方法用来判断广义积分的发散是十分方便的,即被积函数 $f(x)$ 在 $x\to+\infty$ 时的极限不为零,则该广义积分必发散,但 $\lim\limits_{x\to+\infty} f(x) = 0$ 只是 $\int_a^{+\infty} f(x)\mathrm{d}x$ 收敛的必要不充分条件,例如,$\lim\limits_{x\to+\infty} \dfrac{1}{x} = 0$,但是 $\int_1^{+\infty} \dfrac{1}{x}\mathrm{d}x$ 发散.

(2) 广义积分继承了类似于定积分的线性性、分段可加性、不等式性质等,但要注意:

① 如果 $\int_a^{+\infty} f(x)\mathrm{d}x$ 与 $\int_a^{+\infty} g(x)\mathrm{d}x$ 都收敛,则 $\int_a^{+\infty} [f(x) + g(x)]\mathrm{d}x$ 也收敛,且

$$\int_a^{+\infty} [f(x) + g(x)]\mathrm{d}x = \int_a^{+\infty} f(x)\mathrm{d}x + \int_a^{+\infty} g(x)\mathrm{d}x.$$

② 如果 $\int_a^{+\infty} f(x)\mathrm{d}x$ 收敛,$\int_a^{+\infty} g(x)\mathrm{d}x$ 发散,则 $\int_a^{+\infty} [f(x) + g(x)]\mathrm{d}x$ 必发散.

③ 如果 $\int_a^{+\infty} f(x)\mathrm{d}x$ 与 $\int_a^{+\infty} g(x)\mathrm{d}x$ 都发散,则 $\int_a^{+\infty} [f(x) + g(x)]\mathrm{d}x$ 未必发散.

例 3.37 判断积分 $\int_{-\pi/4}^{3\pi/4} \dfrac{\mathrm{d}x}{\cos^2 x}$ 的敛散性.

解 因为点 $x = \dfrac{\pi}{2}$ 为瑕点. 故

$$\int_{-\pi/4}^{3\pi/4} \frac{\mathrm{d}x}{\cos^2 x} = \int_{-\pi/4}^{\pi/2} \frac{\mathrm{d}x}{\cos^2 x} + \int_{\pi/2}^{3\pi/4} \frac{\mathrm{d}x}{\cos^2 x}.$$

而 $\displaystyle\int_{-\pi/4}^{\pi/2}\dfrac{\mathrm{d}x}{\cos^2 x}=\lim_{t\to\frac{\pi}{2}^-}\int_{-\pi/4}^{t}\dfrac{\mathrm{d}x}{\cos^2 x}=\lim_{t\to\frac{\pi}{2}^-}(\tan t+1)=+\infty$，发散，

故瑕积分发散.

(3) 设 $F(x)$ 为 $f(x)$ 的一个原函数，广义积分仍满足牛顿 — 莱布尼茨公式，即

$$\int_a^b f(x)\mathrm{d}x=\big[\,F(x)\,\big]_a^b=F(b)-F(a).$$

只不过，$F(a)$ 与 $F(b)$ 应作如下理解：

① 当 a 或 b 是瑕点时，有

$$F(a)=F(a^+)=\lim_{x\to a^+}F(x),\quad F(b)=F(b^-)=\lim_{x\to b^-}F(x).$$

② 当 a 或分别为 $+\infty$ 或 $-\infty$ 时，有

$$F(+\infty)=\lim_{x\to+\infty}F(x),\quad F(-\infty)=\lim_{x\to-\infty}F(x).$$

例 3.38　求广义积分 $\displaystyle\int_{1/2}^{3/2}\dfrac{\mathrm{d}x}{\sqrt{\,|\,x-x^2\,|\,}}$.

解　注意到被积分函数内有绝对值号，且 $x=1$ 是其瑕点，故

$$\int_{1/2}^{3/2}\dfrac{\mathrm{d}x}{\sqrt{\,|\,x-x^2\,|\,}}=\int_{1/2}^{1}\dfrac{\mathrm{d}x}{\sqrt{x-x^2}}+\int_{1}^{3/2}\dfrac{\mathrm{d}x}{\sqrt{x^2-x}}$$

$$=\int_{1/2}^{1}\dfrac{\mathrm{d}x}{\sqrt{\dfrac{1}{4}-(x-\dfrac{1}{2})^2}}+\int_{1}^{3/2}\dfrac{\mathrm{d}x}{\sqrt{(x-\dfrac{1}{2})^2-\dfrac{1}{4}}}$$

$$=\arcsin(2x-1)\Big|_{1/2}^{1}+\ln\left|(x-\dfrac{1}{2})+\sqrt{(x-\dfrac{1}{2})^2-\dfrac{1}{4}}\,\right|\,\Big|_{1}^{3/2}$$

$$=\dfrac{\pi}{2}+\ln(2+\sqrt{3}).$$

例 3.39　求广义积分 $\displaystyle\int_{3}^{+\infty}\dfrac{\mathrm{d}x}{(x-1)^4\sqrt{x^2-2x}}$.

解　令 $x-1=\sec\theta$，则

$$\int_{3}^{+\infty}\dfrac{\mathrm{d}x}{(x-1)^4\sqrt{x^2-2x}}=\int_{\pi/3}^{\pi/2}\dfrac{\sec\theta\tan\theta}{\sec^4\theta\tan\theta}\mathrm{d}\theta$$

$$=\int_{\pi/3}^{\pi/2}(1-\sin^2\theta)\cos\theta\mathrm{d}\theta=\dfrac{2}{3}-\dfrac{3\sqrt{3}}{8}.$$

例 3.40　求广义积分 $I=\displaystyle\int_{0}^{\frac{\pi}{2}}\ln\sin x\mathrm{d}x$.

解　注意到 $x=0$ 是其瑕点，并令 $x=\dfrac{\pi}{2}-t$，则

$$\int_{0}^{\frac{\pi}{2}}\ln\sin x\mathrm{d}x=-\int_{\frac{\pi}{2}}^{0}\ln\sin(\dfrac{\pi}{2}-t)\mathrm{d}t=\int_{0}^{\frac{\pi}{2}}\ln\cos t\mathrm{d}t=I,$$

$$2I=\int_{0}^{\frac{\pi}{2}}(\ln\sin x+\ln\cos x)\mathrm{d}x=\int_{0}^{\frac{\pi}{2}}\ln\dfrac{1}{2}\sin 2x\mathrm{d}x$$

$$= \int_0^{\frac{\pi}{2}} \ln\sin 2x \mathrm{d}x + \frac{\pi}{2} \ln \frac{1}{2},$$

又令 $2x = u$,则

$$2I = \frac{1}{2} \int_0^{\pi} \ln\sin u \mathrm{d}u + \frac{\pi}{2} \ln \frac{1}{2}$$

$$= \frac{1}{2} \Big[\int_0^{\frac{\pi}{2}} \ln\sin u \mathrm{d}u + \int_{\frac{\pi}{2}}^{\pi} \ln\sin u \mathrm{d}u \Big] - \frac{\pi}{2} \ln 2,$$

对于 $\int_{\frac{\pi}{2}}^{\pi} \ln\sin u \mathrm{d}u$,令 $u = v + \frac{\pi}{2}$,则

$$\int_{\frac{\pi}{2}}^{\pi} \ln\sin u \mathrm{d}u = \int_0^{\frac{\pi}{2}} \ln\sin \left(v + \frac{\pi}{2} \right) \mathrm{d}v = \int_0^{\frac{\pi}{2}} \ln\cos v \mathrm{d}v = I,$$

从而

$$2I = \frac{1}{2}(I + I) - \frac{\pi}{2} \ln 2,$$

得

$$I = \int_0^{\frac{\pi}{2}} \ln\sin x \mathrm{d}x = -\frac{\pi}{2} \ln 2.$$

(4) 几个重要的广义积分结果(证明可参考"微积分及其应用教程 3.8"及课后习题).

① $\displaystyle\int_a^{+\infty} \frac{\mathrm{d}x}{x^p} = \begin{cases} +\infty, & p < 1, \\ \dfrac{a^{1-p}}{p-1}, & p > 1, \end{cases} \quad (a > 0).$

② $\displaystyle\int_a^b \frac{\mathrm{d}x}{(x-a)^q} = \begin{cases} +\infty, & q \geqslant 1, \\ \dfrac{(b-a)^{1-q}}{1-q}, & q < 1. \end{cases}$

③ $\displaystyle\int_a^{+\infty} \frac{1}{x(\ln x)^k} \mathrm{d}x = \begin{cases} +\infty, & k \leqslant 1, \\ \dfrac{(\ln a)^{1-k}}{k-1}, & k > 1, \end{cases} \quad (a > 1).$

④ $\displaystyle\int_0^{+\infty} \mathrm{e}^{-x^2} \mathrm{d}x = \frac{\sqrt{\pi}}{2}.$

🖊 常规训练 3.8

1. 选择题

(1) 下列说法正确的是(   ).

A. 广义积分 $\displaystyle\int_1^{+\infty} \frac{1}{x} \mathrm{d}x$ 收敛

B. 若 $\lim\limits_{x \to +\infty} f(x) = 0$,则收敛

C. 若收敛,且 $\lim\limits_{x \to +\infty} f(x)$ 存在,则必有 $\lim\limits_{x \to +\infty} f(x) = 0$

D. 以上说法均不正确

（2）下列说法正确的是（　　）．

A. 若 $\int_a^{+\infty} f(x)\mathrm{d}x$ 与 $\int_a^{+\infty} g(x)\mathrm{d}x$ 都收敛，则 $\int_a^{+\infty} [f(x)+g(x)]\mathrm{d}x$ 也收敛

B. 若 $\int_a^{+\infty} f(x)\mathrm{d}x$ 与 $\int_a^{+\infty} g(x)\mathrm{d}x$ 都发散，则 $\int_a^{+\infty} [f(x)+g(x)]\mathrm{d}x$ 也发散

C. 若 $\int_a^{+\infty} f(x)\mathrm{d}x$ 收敛，$\int_a^{+\infty} g(x)\mathrm{d}x$ 发散，则 $\int_a^{+\infty} [f(x)+g(x)]\mathrm{d}x$ 也可能收敛

D. 以上说法均不正确

（3）下列广义积分的计算正确的是（　　）．

A. $\int_{-1}^1 \dfrac{\mathrm{d}x}{x^2} = -\dfrac{1}{x}\Big|_{-1}^1 = -1-1 = -2$

B. 因为 $\dfrac{x}{1+x^2}$ 为奇函数，所以 $\int_{-\infty}^{+\infty} \dfrac{x}{1+x^2}\mathrm{d}x = 0$

C. $\int_0^3 \dfrac{\mathrm{d}x}{(x-1)^{\frac{2}{3}}} = 3\ (x-1)^{\frac{1}{3}}\Big|_0^3 = 3\sqrt[3]{2}-3$

D. $\int_R^{+\infty} \dfrac{mgR^2}{r^2}\mathrm{d}r = \left[-\dfrac{mgR^2}{r}\right]_R^{+\infty} = mgR$

2.填空题

（1）无穷限广义积分 $\int_0^{+\infty} te^{-pt}\mathrm{d}t = $ _____ $(p>0)$．

（2）瑕积分 $\int_0^3 \dfrac{\mathrm{d}x}{(x-1)^{2/3}} = $ _____．

（3）瑕积分 $\int_0^1 \sin \ln x\mathrm{d}x = $ _____．

3.计算题

（1）$\int_0^{+\infty} \dfrac{1}{1+x^2}\mathrm{d}x$；

（2）$\int_0^{+\infty} \dfrac{1}{x^2+4x+3}\mathrm{d}x$；

（3）$\int_0^1 \dfrac{x}{1-x^2}\mathrm{d}x$；

（4）$\int_0^1 \dfrac{1}{\sqrt{1-x}}\mathrm{d}x$；

$(5) \displaystyle\int_1^e \dfrac{1}{x\sqrt{1-(\ln x)^2}}\mathrm{d}x$；

$(6) \displaystyle\int_2^{+\infty} \dfrac{\mathrm{d}x}{x(1+\sqrt{x})}$；

$(7) \displaystyle\int_2^4 \dfrac{\mathrm{d}x}{\sqrt{(x-2)(4-x)}}$；

$(8) \displaystyle\int_1^{+\infty} \dfrac{\mathrm{d}x}{x\sqrt{1+x^5+x^{10}}}$．

4. 解答题

(1) 若已知 $\displaystyle\int_0^{+\infty} \dfrac{\sin x}{x}\mathrm{d}x = \dfrac{\pi}{2}$，求：

① $\displaystyle\int_0^{+\infty} \dfrac{\sin x\cos x}{x}\mathrm{d}x$；

② $\displaystyle\int_0^{+\infty} \dfrac{\sin^2 x}{x^2}\mathrm{d}x$．

(2) 利用递推公式计算广义积分 $I_n = \displaystyle\int_0^1 \ln^n x\,\mathrm{d}x,(n \geqslant 1)$．

常规训练 3.8 详解

3.9　定积分的应用举例

3.9.1　定积分几何应用举例

大量事实表明,数学的应用问题往往需要我们把具有实际背景的专业问题划归为数学问题,然后对该数学问题进行求解,我们在"微积分及其应用教程 3.9"中学习的很多几何量,不但可以用定积分来计算.还可以用重积分或曲线、曲面积分来计算.这些都会随着我们学习的深入逐步领会到.本节主要学习用定积分来表述和计算的几何量主要有:平面图形的面积、一些特殊形体的体积、平面曲线的弧长等.作为对教材的补充,我们提供下面几个注释.

（1）几种常见的平面极坐标曲线及其特征.

① 双扭线（见图 3-3）

方程:$\rho^2 = 2a^2 \cos 2\theta, (a > 0)$,

特征:$|F_1M| \cdot |F_2M| = a^2$,其中 F_1、F_2 的坐标分别为 $F_1(-a,0)$ 和 $F_2(a,0)$,M 为双扭线上任意一点.

② 阿基米德螺线（见图 3-4）

方程:$\rho = a\theta, (a > 0)$.

特征:螺距是一个常数 $2\pi a$,当一点 M 沿动射线 OM 以等速率运动的同时,该射线又以等角速度绕点 O 旋转.

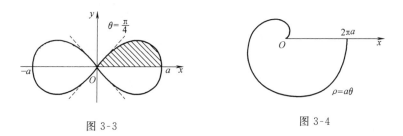

图 3-3　　　　　　　　　　　　　　　　　图 3-4

③ 三叶玫瑰线（见图 3-5）

方程:$\rho = a\sin3\theta, (a > 0)$.

特征:以极点 O 为中心,$A(\sqrt{3}a/2, a/2)$、$B(-\sqrt{3}a/2, a/2)$、$C(0, -a)$ 为顶点的三片全等叶状图形构成.

④ 四叶玫瑰线（见图 3-6）.

方程:$\rho = a\,|\sin2\theta|, (a > 0)$,

特征:以极点 O 为中心,$A(\sqrt{2}a/2, \sqrt{2}a/2)$、$B(-\sqrt{2}a/2, \sqrt{2}a/2)$、$C(-\sqrt{2}a/2, -\sqrt{2}a/2)$、

$D(\sqrt{2}a/2, -\sqrt{2}a/2)$ 为顶点的四片全等叶状图形构成.

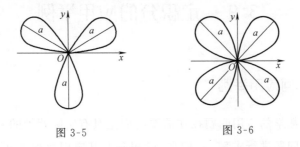

图 3-5   图 3-6

⑤ 蔓叶线(见图 3-7)

方程:$\rho = 2a\tan\theta\sin\theta, (a > 0)$.

特征:对任意过极点 O 的射线 $\theta \in (-\pi/2, \pi/2)$,均有 $|OM| = |BC|$,其中 M 为射线 θ 与双扭线的交点,点 B 为射线 θ 与圆 $(x-a)^2 + y^2 = a^2$ 的交点,点 C 为射线 θ 与圆右切线 $x = 2a$ 的交点.

⑥ 心形线(见图 3-8)

方程:$\rho = a(1 - \cos\theta), (a > 0)$.

特征:过极点 O 与左端点 $A(-2a, 0)$,由平面内直径为 a 的动圆绕直径相同的定圆滚动,动圆上某个点运动所形成的轨迹.

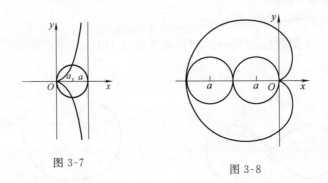

图 3-7   图 3-8

⑦ 笛卡尔叶形线(见图 3-9)

方程:$\rho = \dfrac{3a\sin\theta\cos\theta}{\sin^3\theta + \cos^3\theta}, (a > 0)$.

特征:过极点 O 与顶点 $A(3a/2, 3a/2)$,迪卡尔叶形线在 O 处形成结点,且此点处曲线与 x 轴、y 轴均相切,曲率半径为 $3a/2$.

⑧ 星形线(见图 3-10)

方程:$(\rho\cos\theta)^{\frac{2}{3}} + (\rho\sin\theta)^{\frac{2}{3}} = a^{\frac{2}{3}}, (a > 0)$.

特征:以极点 O 为中心,$A(a, 0)$、$B(0, a)$、$C(-a, 0)$、$D(0, -a)$ 为顶点的星状图形,它是半径为 $a/4$ 的动圆上的某个点在半径为 a 的定圆内侧转动所形成的轨迹.

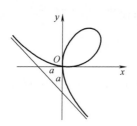
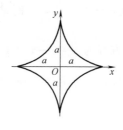

图 3-9　　　　　　　　　图 3-10

（2）定积分在几何中的应用举例.

例 **3.41**　求心形线 $\rho = 1 + \cos\theta$ 与圆 $\rho = 3\cos\theta$ 所围公共部分的面积.

解　如图 3-11 所示，心形线 $\rho = 1 + \cos\theta$ 与圆 $\rho = 3\cos\theta$ 的交点为

$$\left(\rho,\theta\right) = \left(\frac{3}{2},\pm\frac{\pi}{3}\right),$$

由图形的对称性得公共部分的面积为

$$A = 2\left[\int_0^{\frac{\pi}{3}} \frac{1}{2}(1+\cos\theta)^2 \mathrm{d}\theta + \int_{\frac{\pi}{3}}^{\frac{\pi}{2}} \frac{1}{2}(3\cos\theta)^2 \mathrm{d}\theta\right] = \frac{5}{4}\pi.$$

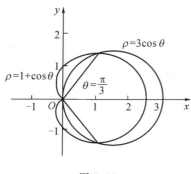
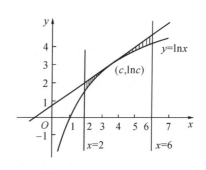

图 3-11　　　　　　　　　图 3-12

例 **3.42**　求曲线 $y = \ln x$ 在区间 $(2,6)$ 内的一条切线，使得该切线与直线 $x=2,x=6$ 和曲线 $y = \ln x$ 所围成平面图形的面积最小（见图 3-12）.

解　设所求切线与曲线 $y = \ln x$ 相切于点 $(c,\ln c)$，则切线方程为

$$y - \ln x = \frac{1}{c}(x-c),$$

则切线与直线 $x=2,x=6$ 和曲线 $y = \ln x$ 所围成的平面图形的面积为

$$A = \int_2^6 \left[\frac{1}{c}(x-c) + \ln c - \ln x\right]\mathrm{d}x = 4\left(\frac{4}{c}-1\right) + 4\ln c + 4 - 6\ln 6 + 2\ln 2$$

由于

$$\frac{\mathrm{d}A}{\mathrm{d}c} = -\frac{16}{c^2} + \frac{4}{c} = -\frac{4}{c^2}(4-c),$$

令 $\dfrac{\mathrm{d}A}{\mathrm{d}c} = 0$,解得驻点 $c = 4$. 当 $c < 4$ 时,$\dfrac{\mathrm{d}A}{\mathrm{d}c} < 0$;而当 $c > 4$ 时,$\dfrac{\mathrm{d}A}{\mathrm{d}c} > 0$. 故当 $c = 4$ 时,A 取

得极小值. 此时切线方程为 $y = \dfrac{1}{4}x - 1 + \ln 4$.

例 3.43 计算底面是半径为的圆,而垂直于底面上一条固定直径的所有截面都是等边
三角形的立体体积.

解 设过点 x 且垂直于 x 轴的截面面积为 $A(x)$,故它是边长

为 $\sqrt{R^2 - x^2}$ 的等边三角形(见图 3-13),其面积为

$$A(x) = \sqrt{3}(R^2 - x^2),$$

所以

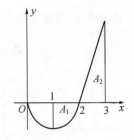

$$V = \int_{-R}^{R} \sqrt{3}(R^2 - x^2)\mathrm{d}x = \frac{4\sqrt{3}}{4}R^3.$$

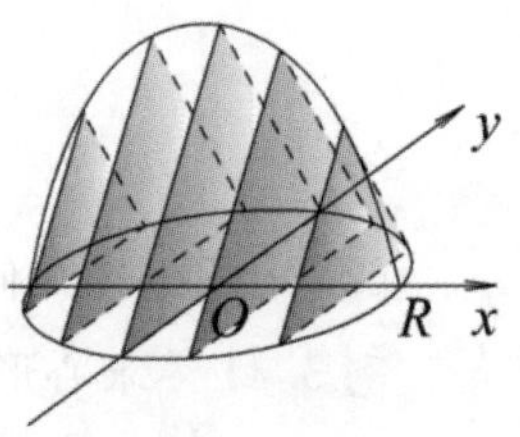

图 3-13

例 3.44 求由曲线 $y = x^2 - 2x$ 和直线 $y = 0, x = 1, x = 3$ 所
围平面图形绕 y 轴旋转一周所得旋转体的体积(见图 3-14).

解 由 $y = x^2 - 2x$,解得 $x = 1 \pm \sqrt{1+y},(y \geqslant -1)$,
则平面图形 A_1 绕 y 轴旋转所得旋转体的体积

$$V_1 = \pi \int_{-1}^{0} (1 + \sqrt{1+y})^2 \mathrm{d}y - \pi = \frac{11\pi}{6},$$

平面图形 A_2 绕 y 轴旋转所得旋转体的体积

$$V_2 = 27\pi - \pi \int_{0}^{3} (1 + \sqrt{1+y})^2 \mathrm{d}y = \frac{43\pi}{6},$$

故,所求体积 $V_y = V_1 + V_2 = 9\pi$.

图 3-14

例 3.45 计算心形线 $\rho = a(1 - \cos\theta),(a > 0)$ 的全长(见图 3-8).

解 结合图 3-8,并注意到曲线的对称性,有

$$s = 2\int_{0}^{\pi} \sqrt{\rho^2(\theta) + \rho'^2(\theta)}\,\mathrm{d}\theta$$

$$= 2a\int_{0}^{\pi} \sqrt{1 + \cos^2\theta - 2\cos\theta + \sin^2\theta}\,\mathrm{d}\theta$$

$$= 2a\int_{0}^{\pi} \sqrt{2 - 2\cos\theta}\,\mathrm{d}\theta = 4a\int_{0}^{\pi} \sin\frac{\theta}{2}\,\mathrm{d}\theta = 8a.$$

3.9.2 定积分物理应用举例

我们在"微积分及其应用教程 3.10"中学习了利用定积分来计算一些比较容易处理的
物理量,比如变力沿直线所作的功、液体的静压力、物体之间的引力等. 作为对教材的补充,
我们再提供几个实例加以说明.

例 3.46 设有半径为 a 的半球形水池,盛满水,现将池水全部抽到距离池口高 b 的水箱
中,问至少该做多少功?

解　建立坐标系(如图3-15所示),选取 x 为积分变量,考虑到位于半球形水池内 $[y,x+\mathrm{d}y]\subset[0,a]$ 的圆形薄片的水提到水箱口的位移为 $x+b$,功的微元为

$$\begin{aligned}\mathrm{d}W&=\pi y^2\rho g(x+b)\mathrm{d}x\\&=\pi\rho g(a^2-x^2)(x+b)\mathrm{d}x,\end{aligned}$$

于是,池水全部抽到距离池口高 b 的水箱中至少该做的功为

$$\int_0^a\pi\rho g(a^2-x^2)(x+b)\mathrm{d}x$$

$$=\pi\rho g\int_0^a(-x^3-bx^2+a^2x+a^2b)\mathrm{d}x=\pi\rho g\left(\frac{1}{4}a^4+\frac{2}{3}a^3b\right).$$

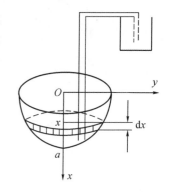

图 3-15

例 **3.47**　为了清除井底的污泥,用缆绳将抓斗放入井底,抓起污泥后提出井口,已知井深 30m,抓斗自重 400N,缆绳每米重 50N,抓斗抓起的污泥重 2000N,提升速度为 3m/s,在提升过程中,污泥以 20N/s 的速率从抓斗缝隙中漏掉.现将抓起污泥的抓斗提升至井口,问克服重力需做多少焦耳的功?(注:① 1N × 1m = 1J;② 抓斗的高度及位于井口上方的缆绳长度忽略不计).

解　建立坐标系(见图3-16),将抓起污泥的抓斗提升至井口需做功

$$W=W_1+W_2+W_3,$$

其中,W_1 是克服抓斗自重所做的功;W_2 是克服缆绳重力所做的功;W_3 为提出污泥所做的功.由题意知

$$W_1=400\times30=1200\mathrm{J},$$

将抓斗由 x 处提升到 $x+\mathrm{d}x$ 处,克服缆绳重力所做功的微元为

$$\mathrm{d}W_2=50(30-x)\mathrm{d}x,$$

从而

$$W_2=\int_0^{30}50(30-x)\mathrm{d}x=22500\mathrm{J},$$

在时间间隔 $[t,t+\mathrm{d}t]$ 内提升污泥需做功的微元为

$$\mathrm{d}W_3=3(2000-20t)\mathrm{d}t,$$

将污泥从井底提升至井口共需时间 $\dfrac{30}{3}=10\mathrm{s}$,所以

$$W_3=\int_0^{10}3(2000-20t)\mathrm{d}t=57000\mathrm{J},$$

因此,共需做功

$$W=12000+22500+57000=91500\mathrm{J}.$$

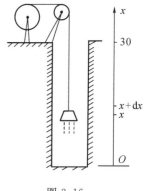

图 3-16

例 **3.48**　两根位于同一直线上,相距为 a 的质量均匀的细杆,若它们的密度 ρ 为常数,杆长都是 τ,引力常数为 G,求两杆之间的引力大小.

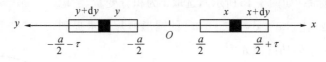

图 3-17

解 建立坐标系(见图 3-17),取两杆之间的中点作为原点,使右杆位于轴正半轴处,杆长微元为 $\mathrm{d}x$,左杆位于轴负半轴处,杆长微元为 $\mathrm{d}y$,此两微元间的引力为 $\mathrm{d}F = \dfrac{k\mu_0 \mathrm{d}x\mu_0 \mathrm{d}y}{(x-y)^2}$,其中 μ_0 为杆的线密度,为常数. 于是,右杆对左杆上微元 $\mathrm{d}y$ 的引力为

$$\int_{\frac{a}{2}}^{\frac{a}{2}+\tau} \frac{k\mu_0^2 \mathrm{d}y}{(x-y)^2}\mathrm{d}x = -\left.\frac{k\mu_0^2 \mathrm{d}y}{(x-y)}\right|_{\frac{a}{2}}^{\frac{a}{2}+\tau} = k\mu_0^2 \mathrm{d}y\left(\frac{1}{\frac{a}{2}-y} - \frac{1}{\frac{a}{2}+\tau-y}\right),$$

再将上式 y 视为变量从 $\left(-\dfrac{a}{2}-\tau\right)$ 到 $\left(-\dfrac{a}{2}\right)$ 积分,得两杆间的引力为

$$F = k\mu_0^2 \int_{-\frac{a}{2}-\tau}^{-\frac{a}{2}} \left(\frac{1}{\frac{a}{2}-y} - \frac{1}{\frac{a}{2}+\tau-y}\right)\mathrm{d}y = k\mu_0^2 \left[\ln \frac{\frac{a}{2}+\tau-y}{\frac{a}{2}-y}\right]_{-\frac{a}{2}-\tau}^{-\frac{a}{2}}$$

$$= k\mu_0^2 \ln \frac{(\tau+a)^2}{a(2\tau+a)^2}.$$

3.9.3 定积分经济学应用举例

在"微积分及其应用教程 3.11"中我们学习了利用定积分来计算一些经济学中的问题,比如由边际函数求总函数、消费者剩余和生产者剩余的计算、资本现值的计算等. 作为对教材的补充,我们再提供几个实例加以说明.

例 3.49 假设某产品的边际收入函数为 $R'(x) = 9 - x$(万元 / 万台),边际成本函数为 $C'(x) = 4 + x/4$(万元 / 万台),其中产量 x 以万台为单位.

(1) 试求当产量由 4 万台增加到 5 万台时利润的变化量;

(2) 当产量为多少时利润最大?

(3) 已知固定成本为 1 万元,求总成本函数和利润函数.

解 (1) 首先求出边际利润

$$L'(x) = R'(x) - C'(x) = (9-x) + \left(4 + \frac{x}{4}\right) = 5 - \frac{5}{4}x,$$

再由增量公式得

$$\Delta L = L(5) - L(4) = \int_4^5 L'(t)\mathrm{d}t = \int_4^5 \left(5 - \frac{5}{4}t\right)\mathrm{d}t = -\frac{5}{8}(\text{万元}),$$

故在 4 万台基础上再生产 1 万台,利润不但未增加,反而减少.

(2) 令 $L'(x) = 0$,可解得 $x = 4$(万台),即产量为 4 万台时利润最大,由此结果也可得知问题(1)中利润减少的原因.

(3) 总成本函数

$$C(x) = \int_0^x C'(t)\mathrm{d}t + C_0 = \int_0^x (4 + \frac{t}{4})\mathrm{d}t + 1 = \frac{1}{8}x^2 + 4x + 1,$$

利润函数

$$L(x) = \int_0^x L'(t)\mathrm{d}t - C_0 = \int_0^x (5 - \frac{5}{4}t)\mathrm{d}t - 1 = 5x - \frac{5}{8}x^2 - 1.$$

例 3.50 现对某企业给予一笔投资 A,经测算,该企业在 T 年中可以按每年 a 元的均匀收入获得收入,若年利润为 r,试求:

(1) 该投资的纯收入贴现值;

(2) 收回该笔投资的时间为多少?

解 (1) 求投资纯收入的贴现值:因收入率为 a,年利润为 r,故投资后的 T 年中获总收入的现值为

$$y = \int_0^T a\mathrm{e}^{-rt}\mathrm{d}t = \frac{a}{r}(1 - \mathrm{e}^{-rT}),$$

从而投资所获得的纯收入的贴现值为

$$R = y - A = \frac{a}{r}(1 - \mathrm{e}^{-rT}) - A.$$

(2) 求收回投资的时间:收回投资,即为总收入的现值等于投资,由 $\frac{a}{r}(1 - \mathrm{e}^{-rT}) = A$,得 $T = \frac{1}{r}\ln\frac{a}{a - Ar}$,即收回投资的时间为 $T = \frac{1}{r}\ln\frac{a}{a - Ar}$.

🖊 常规训练 3.9

1.选择题

(1) 关于由 $y^2 = 2x$ 和 $y = x - 4$ 所围成的图形的面积,计算正确的是(   ).

A. $\int_0^8 (\sqrt{2x} - x + 4)\mathrm{d}x$ B. $\int_0^8 (x - 4 - \sqrt{2x})\mathrm{d}x$

C. $\int_{-2}^4 (y + 4 - \frac{y^2}{2})\mathrm{d}y$ D. $\int_{-2}^4 (\frac{y^2}{2} - y - 4)\mathrm{d}y$

(2) 设椭圆 $\frac{x^2}{a^2} + \frac{y^2}{b^2} = 1$ 围成的平面图形绕 x 轴旋转而成的旋转椭球体的体积为 V_x,绕 y 轴旋转而成的旋转椭球体的体积为 V_y,则(   ).

A. $V_x \geqslant V_y$ B. $V_x \leqslant V_y$

C. $V_x = V_y$ D. 当 $a = b$ 时,$V_x = V_y$

(3) 计算曲线 $x = \frac{y}{2}$、直线 $y = 1$、$y = 2$ 及轴所围成的图形绕轴旋转而成的立体的体积

(   ).

A. $\dfrac{7}{12}\pi$　　　　　　　　　　B. $\dfrac{5}{12}\pi$

C. $\dfrac{\pi}{2}$　　　　　　　　　　　D. π

2. 填空题

(1) 若 $y = f(x)$ 在 $[a,b]$ 上一阶导数连续,则曲弧段 $y = f(x)$ $(a \leqslant x \leqslant b)$ 的长度 s 的计算公式为_____.

(2) 计算由曲线 $y = x^3 - 6x$ 和 $y = x^2$ 所围成的图形的面积_____.

*(3) 计算曲线 $y^2 = 2x, (0 \leqslant x \leqslant 1)$ 绕轴旋转所成曲面的面积_____.

3. 计算题

(1) 求 $f(x) = x^3 - 3x$ 与 x 轴所包围的面积.

(2) 求星形线 $x^{2/3} + y^{2/3} = a^{2/3} (a > 0)$ 绕轴旋转而成的旋转体的体积.

(3) 求由曲线 $y = x^2, y = 2 - x^2$ 所围成的图形绕 y 轴旋转而成的旋转体的体积.

4. 解答题

(1) 求平面图形 $\sigma = \{(x,y) \mid 0 \leqslant y \leqslant \sin x, 0 \leqslant x \leqslant \pi\}$ 绕 y 轴旋转而成的旋转体的体积.

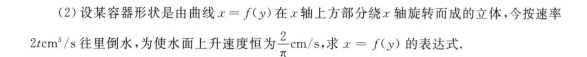

(2) 设某容器形状是由曲线 $x = f(y)$ 在 x 轴上方部分绕 x 轴旋转而成的立体,今按速率 $2t\,\text{cm}^3/\text{s}$ 往里倒水,为使水面上升速度恒为 $\dfrac{2}{\pi}\,\text{cm/s}$,求 $x = f(y)$ 的表达式.

(3) 求一物体在力 $F(x) = 3x^2 - 2x + 5$(力单位:N,位移单位:m)作用下,沿与力 $F(x)$ 相同的方向由 $x = 5\text{m}$ 直线运动到 $x = 10\text{m}$ 处做的功.

(4) 设某水库的放水闸门为一梯形,如图 3-18 所示(闸门尺寸以米为单位).求水库水齐闸门顶时闸门所受的水压力.

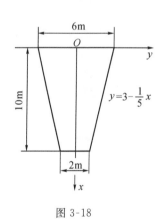

图 3-18

(5) 设某商品每天生产 x 单位时固定成本 40 元,边际成本函数为 $C'(x) = 0.2x + 2$(元 / 单位),求总成本函数 $C(x)$,最小平均成本.若该商品的销售单价为 20 元,且产品全部售出,问每天生产多少单位时才能获得最大利润,最大利润是多少?

常规训练 3.9 详解

第4章　常微分方程初步

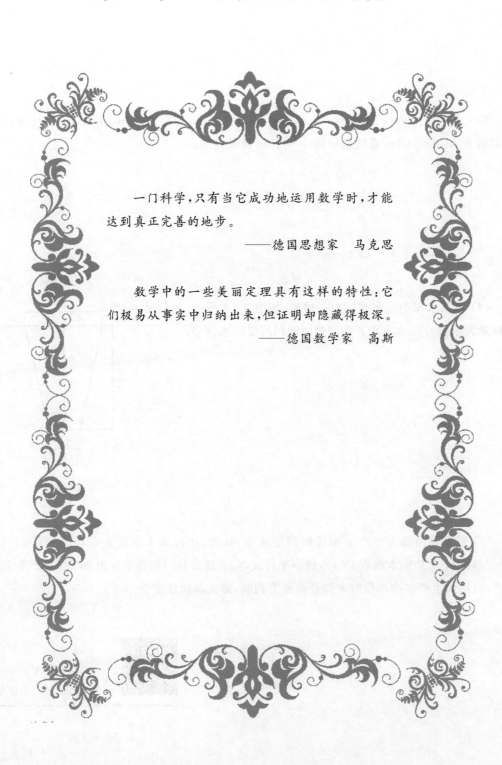

一门科学,只有当它成功地运用数学时,才能达到真正完善的地步。

——德国思想家　马克思

数学中的一些美丽定理具有这样的特性:它们极易从事实中归纳出来,但证明却隐藏得极深。

——德国数学家　高斯

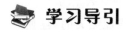 **学习导引**

　　微积分研究的主要对象是函数,但在许多实际问题中,往往很难得到所研究问题中各个变量的直接关系,却在大多数时候,比较容易建立起这些变量与它们导数或微分之间的关系,我们把这一类问题归结为微分方程的研究问题.

　　在前面的章节中,我们获知了已知一个函数,如何求解其导数、微分或积分. 接下来,我们主要研究确定一个未知函数,使得它的导数或微分恰好是给定的方程的解函数的问题,我们把这种问题归结为常微分方程问题. 本章将从常微分方程的基本概念入手,逐步展开讨论,并给出一阶、二阶线性常微分方程的求解方法.

　　熟练准确地求解一阶、二阶线性常微分方程,并能把所学知识灵活运用到一些几何学、物理学、经济学等问题中去将是本章学习的基本目标.

4.1　常微分方程的基本概念

4.1.1　关于常微分方程的通解与特解的几个注释

　　根据我们对"微积分及其应用教程 4.1"相关知识的学习获知,若函数 $y = f(x)$ 在区间 I 上有 n 阶连续导数,且满足方程

$$F(x, y, y', \cdots, y^{(n)}) = 0. \tag{4-1}$$

即 $F(x, f(x), f'(x), \cdots, f^{(n)}(x)) = 0$. 那么函数 $y = f(x)$ 就叫作常微分方程(4-1)在区间 I 上的解. 如果常微分方程的解中含有相互独立的任意常数(即这些任意常数不能合并),且任意常数的个数与常微分方程的阶数相同,则称这样的解为常微分方程的通解,若通过具体问题的初始条件,对通解中的任意常数进行确定,就得到常微分方程的特解.

　　关于常微分方程的通解与特解,我们有如下几个注释.

　　(1)常微分方程的通解不一定是该方程的全部解.

　　通解是常微分方程所含的带有任意常数的解,它不一定是方程的全部解,如微分方程

$$\frac{\mathrm{d}y}{\mathrm{d}x} = y^2.$$

分离原方程的变量,得 $\dfrac{\mathrm{d}y}{y^2} = \mathrm{d}x$. 对等式两端进行不定积分

$$\int \frac{\mathrm{d}y}{y^2} = \int \mathrm{d}x,$$

得 $-\dfrac{1}{y} = x + C$,故 $y = -\dfrac{1}{x + C}$ 为原方程的通解. 但特解 $y \equiv 0$ 也满足方程,但该解并不包含在通解中. 所以,常微分方程的通解不等同于该方程的全部解.

(2) 常微分方程的通解中相互独立的任意常数的个数应与对应方程的阶数相同.

通解中的任意常数的相互独立性是指这些任意常数所乘的函数是线性无关的,且独立的任意常数的个数等于对应常微分方程的阶数. 例如,我们容易验证 $y = C_1 \cos x + C_2 \sin x$ 是二阶线性常微分方程 $y'' + y = 0$ 的通解. 其通解中两个任意常数 C_1、C_2 所乘的函数分别为 $\cos x$ 与 $\sin x$,显然 $\cos x \neq k \sin x$,k 为某一常数,则函数 $\cos x$ 与 $\sin x$ 是线性无关的.

4.1.2 由常微分方程的解求常微分方程举例

我们通常是依据常微分方程求其方程的解. 作为对教材的补充,我们对给定的常微分方程的求,反推其方程进行简单举例.

例 4.1 试求微分方程,使其通解为 $y = \cos(x + C)$.

解 因为 $y' = -\sin(x + C) = -\sqrt{1 - \cos^2(x + C)} = -\sqrt{1 - y^2}$,则所求的微分方程为 $y' = -\sqrt{1 - y^2}$. 它是一阶非线性常微分方程.

例 4.2 设 $y_1 = x$ 与 $y_2 = e^x$ 是某齐次二阶线性常微分方程的两个特解,试求这一常微分方程.

解 设所求的二阶线性常微分方程为

$$y'' + p(x)y' + q(x)y = 0.$$

把 $y_1 = x$ 与 $y_2 = e^x$ 分别代入方程,得

$$\begin{cases} p(x) + xq(x) = 0, \\ p(x) + q(x) = -1. \end{cases}$$

解得

$$p(x) = -\frac{x}{x-1}, \quad q(x) = \frac{1}{x-1}.$$

故所求的二阶线性常微分方程为

$$y'' - \frac{1}{x-1}y' + \frac{1}{x-1}y = 0.$$

✎ 常规训练 4.1

1. 选择题

(1) 一阶线性常微分方程 $\dfrac{\mathrm{d}y}{\mathrm{d}x} = 2x$ 的通解为( ).

A. $2x + C$ B. $x^2 + C$

C. $2x$ D. x^2

(2) 关于方程 $\sqrt{x}\,\dfrac{\mathrm{d}^2 y}{\mathrm{d}x^2} - y' + 3y = \sin x$,下列说法正确的是( ).

A. 它是二阶线性常微分方程   B. 它是二阶非线性常微分方程

C. 它是一阶线性常微分方程　　　D. 它是一阶非线性常微分方程

（3）下列说法正确的是（　　）.

A. 常微分方程的通解包含方程的全部解

B. 含有任意常数的解为常微分方程的解

C. 常微分方程的通解可由特解线性表示

D. 常微分方程的特解不含任意常数

2.填空题

（1）已知 $y' = x^2$,且 $x = 1$ 时,则 $y = $ _____ .

（2）写出一个符合二阶线性微分方程 $y'' - 2y' - 3y = 0$ 的特解 _____ .

（3）方程 $x(y'')^2 + y^3 = 0$ 的阶数为 _____ .

3.解答题

（1）求曲线族 $x^2 + Cy^2 = 1$ 满足的微分方程,其中 C 为任意常数.

（2）设 $y = x$ 是常微分方程 $y' + ay = x - b$ 的解,求常数 a 与 b.

常规训练 4.1 详解

4.2　一阶常微分方程

4.2.1　关于一阶常微分方程的几个注释

我们在"微积分及其应用教程 4.2"讨论了一阶线性与非线性常微分方程的解法,现作为对上述知识的补充,我们有如下几个注释.

（1）伯努利方程.

若在一阶线性常微分方程 $y' + p(x)y = q(x)$ 中,右端项变为 $q(x)y^\alpha$（α 为非零常数,且 $\alpha \neq 1$）,即

$$y' + p(x)y = q(x)y^a, \tag{4-2}$$

我们称方程(4-2)为伯努利方程,它是一阶非线性常微分方程,下面我们通过变量代换,把它化为线性方程.

事实上,在方程(4-2)的两端同除以 y^a,得

$$y^{-a}y' + p(x)y^{1-a} = q(x), \tag{4-3}$$

在式(4-3)两端,同乘以 $1-a$ 得,

$$(1-a)y^{1-a}y' + (1-a)p(x)y^{1-a} = (1-a)q(x), \tag{4-4}$$

我们借助变量代换 $z = y^{1-a}$,有

$$z' + (1-a)p(x)z = (1-a)q(x), \tag{4-5}$$

式(4-5)是关于 z 与 x 的一阶线性常微分方程,解出其通解后,用 $z = y^{1-a}$ 回代,便得到伯努利方程(4-2)的通解.

例 4.3   求伯努利方程 $\dfrac{\mathrm{d}y}{\mathrm{d}x} + \dfrac{y}{x} = (a\ln x)y^2$ 的通解.

解   以 y^2 除方程的两端,得

$$y^{-2}\frac{\mathrm{d}y}{\mathrm{d}x} + \frac{1}{x}y^{-1} = a\ln x, \text{或} -\frac{\mathrm{d}(y^{-1})}{\mathrm{d}x} + \frac{1}{x}y^{-1} = a\ln x,$$

令 $z = y^{-1}$,则上述方程变为

$$\frac{\mathrm{d}z}{\mathrm{d}x} - \frac{1}{x}z = -a\ln x,$$

解此线性微分方程得

$$z = x\left[C - \frac{a}{2}(\ln x)^2\right],$$

将 z 以 y^{-1} 回代,得所求通解为

$$yx\left[C - \frac{a}{2}(\ln x)^2\right] = 1.$$

例 4.4   求伯努利方程 $\dfrac{\mathrm{d}y}{\mathrm{d}x} + x(y-x) + x^3(y-x)^2 = 1$ 的通解.

解   令 $y - x = u$,则 $\dfrac{\mathrm{d}y}{\mathrm{d}x} = \dfrac{\mathrm{d}u}{\mathrm{d}x} + 1$,得伯努利方程 $\dfrac{\mathrm{d}u}{\mathrm{d}x} + xu = -x^3u^2$,令 $z = u^{1-2} = \dfrac{1}{u}$,上式即变为一阶线性方程

$$\frac{\mathrm{d}z}{\mathrm{d}x} - xz = x^3,$$

其通解为 $z = \mathrm{e}^{\frac{x^2}{2}}\left(\displaystyle\int x^3\mathrm{e}^{-\frac{x^2}{2}}\mathrm{d}x + C\right) = C\mathrm{e}^{\frac{x^2}{2}} - x^2 - 2.$ 回代原变量,即通解

$$y = x + \frac{1}{z} = x + \frac{1}{C\mathrm{e}^{\frac{x^2}{2}} - x^2 - 2}.$$

(2) 变量代换法是化非线性常微分方程为线性常微分方程的有效手段.

变量代换法在求解常微分方程相关问题中是较为常见的方法,我们以求解

$$\frac{\mathrm{d}y}{\mathrm{d}x} = f\left(\frac{a_1 x + b_1 y + c_1}{a_2 x + b_2 y + c_2}\right) \text{（其中 } f \text{ 为连续函数）} \tag{4-6}$$

为例，对变量代换法进行说明.

① 在方程(4-6)中，若 $c_1 = c_2 = 0$，则此方程为齐次微分方程；

② 在方程(4-6)中，若 $\dfrac{a_1}{a_2} = \dfrac{b_1}{b_2}$，则此方程就化为形如 $\dfrac{\mathrm{d}y}{\mathrm{d}x} = g(a_1 x + b_1 y)$ 的方程. 作变量代换 $u = a_1 x + b_1 y$，可化为可分离变量的方程 $\dfrac{\mathrm{d}u}{\mathrm{d}x} = a_1 + b_1 g(u)$；

③ 在方程(4-6)中，若 $\dfrac{a_1}{a_2} \neq \dfrac{b_1}{b_2}$，则先求得两条直线 $a_1 x + b_1 y + c_1 = 0$ 与 $a_2 x + b_2 y + c_2 = 0$ 的交点 (x_0, y_0)，然后作变量代换 $x = x_0 + X, y = y_0 + Y$，可化为齐次方程 $\dfrac{\mathrm{d}Y}{\mathrm{d}X} = f\left(\dfrac{a_1 X + b_1 Y}{a_2 X + b_2 Y}\right)$.

例 4.5 求方程 $\dfrac{\mathrm{d}y}{\mathrm{d}x} = \dfrac{x - 2y + 3}{2x - 4y - 3}$ 的通解.

解 令 $u = x - 2y$，则 $\dfrac{\mathrm{d}y}{\mathrm{d}x} = \dfrac{1}{2} - \dfrac{1}{2}\dfrac{\mathrm{d}u}{\mathrm{d}x}$，即得

$$\frac{1}{2} - \frac{1}{2}\frac{\mathrm{d}u}{\mathrm{d}x} = \frac{u+3}{2u-3}, \text{或} (3 - 2u)\mathrm{d}u = 9\mathrm{d}x.$$

上式左右积分，得 $3u - u^2 - 9x = C$，回代 $u = x - 2y$，便得到原方程的通解

$$3(x - 2y) - (x - 2y)^2 - 9x = C.$$

例 4.6 求方程 $\dfrac{\mathrm{d}y}{\mathrm{d}x} = \dfrac{x - y + 1}{x + y - 3}$ 的通解.

解 令 $\begin{cases} x - y + 1 = 0, \\ x + y - 3 = 0, \end{cases}$ 得交点 $(1, 2)$，令 $X = x - 1, Y = y - 2$，则原方程等价于

$$\frac{\mathrm{d}Y}{\mathrm{d}X} = \frac{X - Y}{X + Y},$$

这是一个齐次方程，令 $Y = uX$，可进一步得可分离变量的常微分方程

$$\frac{(1 + u)\mathrm{d}u}{1 - 2u - u^2} = \frac{\mathrm{d}X}{X}, \text{或} \frac{\mathrm{d}(1 - 2u - u^2)}{1 - 2u - u^2} + 2\frac{\mathrm{d}X}{X} = 0,$$

上式左右积分，得 $X^2(1 - 2u - u^2) = C$，即

$$X^2 - 2XY - Y^2 = C,$$

回代 $X = x - 1, Y = y - 2$，便得通解

$$(x - 1)^2 - 2(x - 1)(y - 2) - (y - 2)^2 = C.$$

例 4.7 求方程 $x + y\dfrac{\mathrm{d}y}{\mathrm{d}x} = \tan x(\sqrt{x^2 + y^2} - 1)$ 的通解.

解 令 $u = \sqrt{x^2 + y^2}$，即 $u^2 = x^2 + y^2$，对它两端关于 x 求导，原方程可等价于

$$\left(\frac{u}{u - 1}\right)\mathrm{d}u = \tan x \mathrm{d}x,$$

积分后得
$$u + \ln|u-1| + \ln|\cos x| = C,$$
于是回代 $u = \sqrt{x^2 + y^2}$，便得原方程通解为
$$\sqrt{x^2 + y^2} + \ln\left|\sqrt{x^2 + y^2} - 1\right| + \ln|\cos x| = C.$$

4.2.2　一阶常微分方程应用举例

例 4.8　跳伞员与降落伞共重 150kg，当伞张开时，他以 10m/s 的速度竖直下落. 已知空气阻力与速度成正比，且当速度为 5m/s 时，空气阻力为 60kg. 试求跳伞员的下落速度与时间的关系及其极限速度（即当 $t \to \infty$ 时速度的极限）.

解　由题意有 $m\dfrac{\mathrm{d}v}{\mathrm{d}t} = mg - kv$，即 $\dfrac{\mathrm{d}v}{\mathrm{d}t} + \dfrac{k}{m}v = g$. 这是一阶非齐次线性常微分方程，由求解公式得
$$v = \mathrm{e}^{-\int \frac{k}{m}\mathrm{d}t}\left[\int g\mathrm{e}^{\int \frac{k}{m}\mathrm{d}t}\mathrm{d}t + C\right] = \mathrm{e}^{-\frac{k}{m}t}\left[\int g\mathrm{e}^{\frac{k}{m}t}\mathrm{d}t + C\right] = \frac{mg}{k} + C\mathrm{e}^{-\frac{k}{m}t}.$$
由初值条件 $mg = 150, 60 = 5kv\big|_{t=0} = 10$，得 $k = 12, C = -2.5$，得方程的特解 $v = 12.5 - 2.5\mathrm{e}^{-0.08t}$，由此可见 $\lim\limits_{t \to +\infty} v = 12.5$.

例 4.9　如图 4-1 所示，探照灯的聚光镜的镜面是一张旋转曲面，它的形状由 xOy 坐标面上的一条曲线 L 绕 y 轴旋转而成. 按聚光镜性能的要求，在其旋转轴（y 轴）上一点 O 处发出的一切光线，经它反射后都与旋转轴（y 轴）平行. 求曲线 L 的方程.

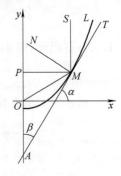

图 4-1

解　如图 4-1 所示，设点 $M(x,y)$ 为 L 上任意一点，点 O 发出的某条光线经过点 M 反射后是一条平行于 y 轴的直线 MS，又设过点 M 的切线 AT 与 y 轴夹角为 β，由反射定理，$\angle OMA = \angle SMT = \beta$，从而 $AO = OM$，但 $AO = AP - OP = PM\cot\beta - OP = PM\tan\alpha - OP$，注意到 $y' = \tan\alpha, PM = x, OP = y$，则有
$$xy' - y = \sqrt{x^2 + y^2}, \quad \text{或} \frac{\mathrm{d}y}{\mathrm{d}x} - \frac{y}{x} = \sqrt{1 + \left(\frac{y}{x}\right)^2},$$
这是一个齐次方程，作变量代换 $u = \dfrac{y}{x}$，则 $\dfrac{\mathrm{d}y}{\mathrm{d}x} = u + x\dfrac{\mathrm{d}u}{\mathrm{d}x}$，代入齐次方程，得
$$u + x\frac{\mathrm{d}u}{\mathrm{d}x} - u = \sqrt{1 + u^2}, \quad \text{或} \frac{\mathrm{d}u}{\sqrt{1 + u^2}} = \frac{\mathrm{d}x}{x},$$
左右积分，得
$$\ln(u + \sqrt{1 + u^2}) = \ln x - \ln C, \quad \text{或} \sqrt{1 + u^2} = \frac{x}{C} - u,$$
即 $1 + u^2 = \dfrac{x^2}{C^2} - \dfrac{2xu}{C} + u^2$，回代 $u = \dfrac{y}{x}$，得通解 $x^2 = 2C\left(y + \dfrac{C}{2}\right)$，这是一条以 y 轴为轴、焦点在原点的抛物线.

✎ 常规训练 4.2

1. 选择题

(1) 下列(　　)为一阶齐次线性常微分方程.

A. $\cos(xy') - x = 0$ 　　　　　　　　　　B. $y'\cos x - y = 0$

C. $\cos(xy') - x = \sin x$ 　　　　　　　　D. $y'\cos x - y = x$

(2) 一阶线性非齐次微分方程 $y' + p(x)y = q(x)$ 的通解(　　).

A. $y = e^{-\int p(x)\mathrm{d}x}\left[\int q(x)e^{\int p(x)\mathrm{d}x}\mathrm{d}x + C\right]$

B. $y = e^{\int p(x)\mathrm{d}x}\left[\int q(x)e^{-\int p(x)\mathrm{d}x}\mathrm{d}x + C\right]$

C. $y = e^{-\int q(x)\mathrm{d}x}\left[\int p(x)e^{\int q(x)\mathrm{d}x}\mathrm{d}x + C\right]$

D. $y = e^{\int q(x)\mathrm{d}x}\left[\int p(x)e^{\int -q(x)\mathrm{d}x}\mathrm{d}x + C\right]$

(3) 初值问题 $x\mathrm{d}y + 2y\mathrm{d}x = 0, y\big|_{x=2} = 1$ 的解为(　　).

A. $x = \dfrac{2}{y^2}$ 　　　　　　　　　　B. $y = \dfrac{2}{x^2}$

C. $y = -\dfrac{4}{x^2}$ 　　　　　　　　　　D. $y = \dfrac{4}{x^2}$

2. 填空题

(1) 在方程 $y' = \dfrac{1}{x-y} + 1$ 中, 作变量代换 $u = x + y$, 得方程通解_____.

(2) 微分方程 $\dfrac{\mathrm{d}y}{\mathrm{d}x} = k(a-y)(b-y), \dfrac{\mathrm{d}y}{\mathrm{d}x} = \cos y + x, y^2\mathrm{d}x - (y^2 + 2xy - x)\mathrm{d}y = 0$ 中是线性常微分方程的是_____.

(3) 若 $f(x), f'(x)$ 是给定的连续函数, 则方程 $y' + f'(x)y = f(x)f'(x)$ 的通解为_____.

3. 计算题

$(1) y' + \dfrac{y}{x} = \dfrac{\sin x}{x}, y\big|_{x=\pi} = 1$;

(2) $y' + y\cot x = 5e^{\cos x}, y\Big|_{x=\frac{\pi}{2}} = -4$;

(3) $y' + \dfrac{2 - 3x^2}{x^3} y = 1, y\Big|_{x=1} = 0$;

(4) $(1 + x^2)\mathrm{d}y = (1 + xy)\mathrm{d}x, y\Big|_{x=1} = 0$.

4. 解答题

(1) 用适当的变换将方程 $y' = \sin(x - y)$ 化成可分离变量的方程, 然后求出通解.

(2) 已知某曲线经过点 $M(1,1)$, 其切线在纵轴上的截距等于切点的横坐标, 求曲线方程.

常规训练 4.2 详解

4.3 可降阶的二阶常微分方程

4.3.1 关于一阶常微分方程的几个注释

我们在"微积分及其应用教程 4.3"讨论了某些特殊的可降阶的二阶常微分方程的解法. 现作为对上述知识的补充,我们有如下几个注释.

(1) 高阶常微分方程可以使用降阶法.

例 4.10 求常微分方程 $\dfrac{\mathrm{d}^5 y}{\mathrm{d}x^5} - \dfrac{1}{x}\dfrac{\mathrm{d}^4 y}{\mathrm{d}x^4} = 0$ 的通解.

解 该方程不含因变量 y 及其导数 y', y'', y'''. 令 $z = y^{(4)}$,则 $z' = y^{(5)}$,原方程可化为关于 z 与 x 的一阶可分离变量的微分方程

$$\frac{\mathrm{d}z}{z} = \frac{\mathrm{d}x}{x},$$

左右两端积分,得

$$z = Cx, \text{或 } y^{(4)} = Cx,$$

对上式积分 4 次,得原方程的通解

$$y = C_1 x^5 + C_2 x^3 + C_3 x^2 + C_4 x + C_5.$$

(2) 运用反函数的导数公式把非线性常微分方程转化为线性常微分方程.

例 4.11 化二阶非线性常微分方程 $\dfrac{\mathrm{d}^2 y}{\mathrm{d}x^2} + (4x + \mathrm{e}^{2y})\left(\dfrac{\mathrm{d}y}{\mathrm{d}x}\right)^3 = 0$ 为二阶线性常微分方程.

解 该方程为二阶非线性常微分方程,若把 x 看作因变量,y 看作自变量,利用反函数的导数公式,对 $\dfrac{\mathrm{d}y}{\mathrm{d}x} = \left(\dfrac{\mathrm{d}x}{\mathrm{d}y}\right)^{-1}$ 的两边关于 x 求导,得

$$\frac{\mathrm{d}^2 y}{\mathrm{d}x^2} = -\left(\frac{\mathrm{d}x}{\mathrm{d}y}\right)^{-2} \cdot \frac{\mathrm{d}^2 x}{\mathrm{d}y^2} \cdot \frac{\mathrm{d}y}{\mathrm{d}x} = -\left(\frac{\mathrm{d}x}{\mathrm{d}y}\right)^{-3} \cdot \frac{\mathrm{d}^2 x}{\mathrm{d}y^2},$$

把它代入原方程,得

$$\frac{\mathrm{d}^2 x}{\mathrm{d}y^2} - 4x = \mathrm{e}^{2y},$$

它为二阶常系数线性常微分方程.

注意 例 4.11 转化所得二阶常系数线性常微分方程的求解方法. 我们将下一节进行详细讨论,此处不作赘述.

4.3.2 可降阶的二阶常微分方程求解举例

例 4.12 求 $(1+x)y''+y'=\ln(x+1)$ 的通解.

解 令 $y'=p$,则 $y''=p'$,原方程化为

$$(x+1)p'+p=\ln(x+1),\text{或 } p'+\frac{1}{x+1}p=\frac{\ln(x+1)}{x+1},$$

它为关于 p 与 x 的一阶非齐次线性常方程,由用求解公式,得

$$p=\mathrm{e}^{-\int\frac{1}{x+1}\mathrm{d}x}\left[\int\frac{\ln(x+1)}{x+1}\mathrm{e}^{\int\frac{1}{x+1}\mathrm{d}x}\mathrm{d}x+C_1\right]$$

$$=\frac{1}{x+1}\left[\int\ln(x+1)\mathrm{d}x+C_1\right]=\ln(x+1)-1+\frac{C_1}{x+1},$$

故

$$y=\int\left[\ln(x+1)-1+\frac{C_1}{x+1}\right]\mathrm{d}x+C_2$$

$$=(x+C_1)\ln(x+1)-2x+C_2.$$

例 4.13 求 $yy''-(y')^2+1=0$ 的通解

解 令 $y'=p$,则 $y''=p\dfrac{\mathrm{d}p}{\mathrm{d}y}$,原方程化为 $yp\dfrac{\mathrm{d}p}{\mathrm{d}y}=p^2-1$,两端积分,得

$$\int\frac{p\mathrm{d}p}{p^2-1}=\int\frac{\mathrm{d}y}{y}+C'_1,$$

故

$$\frac{1}{2}\ln|p^2-1|=\ln|y|+C'_1,$$

即 $p=\pm\sqrt{1+C_1y^2}$,或 $\dfrac{\mathrm{d}y}{\mathrm{d}x}=\pm\sqrt{1+C_1y^2}$.

当 $C_1>0$ 时,得通解 $\dfrac{1}{\sqrt{C_1}}\ln(\sqrt{C_1}\,y+\sqrt{1+C_1y^2})=\pm x+C_2$;

当 $C_1<0$ 时,得通解 $\dfrac{1}{\sqrt{1-C_1}}\arcsin(\sqrt{-C_1}\,y)=\pm x+C_2$.

常规训练 4.3

1.选择题

(1) 下列( ) 为二阶齐次线性常微分方程.

A. $xy''-y^3=0$ B. $xy''-\sqrt{y}=0$

C. $x^2y''-\sqrt{x}y'=0$ D. $(y'')^2-xy'=0$

(2) 二阶常微分方程 $y''=\ln x$ 的通解( ).

A. $\dfrac{x^2}{2}(\ln x-\dfrac{3}{2})+C_1x+C_2$ B. $\left[\dfrac{(x\ln x)^2}{2}-\dfrac{3}{2}x^2\right]+C_1x+C_2$

C. $\dfrac{x^2}{2}(\ln x+\dfrac{3}{2})+C_1x+C_2$ D. $\left[\dfrac{(x\ln x)^2}{2}+\dfrac{3}{2}x^2\right]+C_1x+C_2$

(3) 初值问题 $yy'' = 2(y'^2 - y'), y(0) = 1, y'(0) = 2$ 的特解为( ).

A. $y = \tan^2(x + \dfrac{\pi}{4})$ 　　　　　　B. $y = \tan(x + \dfrac{\pi}{4})$

C. $y = \cot(x + \dfrac{\pi}{4})$ 　　　　　　D. $y = \cot^2(x + \dfrac{\pi}{4})$

2. 填空题

(1) 在方程 $(1 + x^2)y'' = 2xy'$ 中,作变量代换 $p = y'$,得方程_____.

(2) 微分方程 $y^2 y'' - 4y(y')^2 = 0, (y \neq C)$ 中,作变量代换 $p = y'$,得方程_____.

(3) 微分方程 $y'' = \sin x$ 的通解为_____.

3. 计算题

(1) $y'' = \dfrac{1}{1 + x^2}$; 　　　　　　　　(2) $xy'' + y' = 0$;

(3) $y'' = (y')^3 + y'$; 　　　　　　　　(4) $y^3 y'' - 1 = 0$.

4. 解答题

(1) 验证 $x = C_1 \cos at + C_2 \sin at$ 是微分方程 $x'' + a^2 x = 0$ 的通解.

(2) 试求 $y'' = x$ 经过点 $M(0,1)$ 且在此点上与直线 $y = \dfrac{x}{2} + 1$ 相切的积分曲线.

常规训练 4.3 详解

4.4 二阶常系数线性常微分方程

根据我们对"微积分及其应用教程4.4"相关知识的学习获知,若 y'、y 的系数函数 $p(x)$、$q(x)$ 均为常数,我们称

$$y'' + py' + qy = 0,(其中\ p、q\ 为常数) \tag{4-7}$$

为二阶常系数齐次线性常微分方程.

$$y'' + py' + qy = f(x),(其中\ p、q\ 为常数) \tag{4-8}$$

为二阶常系数非齐次线性常微分方程.并且,我们还讨论了二阶常系数齐次线性常微分方程 (4-7) 的通解及二阶常系数非齐次线性常微分方程 (4-8) 的非齐次项 $f(x)$ 取两类常见形式函数时的特解 y^* 的求法.这里提到的两类形式是:

(1) $y'' + py' + qy = P_m(x)e^{2x}$ 型,

(2) $y'' + py' + qy = e^{\lambda x}(A\cos \omega x + B\sin \omega x)$ 型,

其中,λ,ω 和 A,B 均为常数,$P_m(x)$ 为 x 的 m 次多项式.

接下来,关于二阶常系数线性常微分方程,我们有如下几个注释.

(1) 用特征方程求常系数齐次线性常微分方程 (4-7) 的通解的方法可以推广到更高阶的常系数线性常微分方程的求解中去.

例 4.14 求方程 $y^{(4)} - 2y''' + 5y'' = 0$ 的通解.

解 原方程的特征方程为 $r^4 - 2r^3 + 5r^2 = 0$,即 $r^2(r^2 - 2r + 5) = 0$,其特征根是 $r_1 = r_2 = 0$ 和 $r_{3,4} = -1 \pm 2i$,因此所给微分方程的通解为

$$y = C_1 + C_2 x + e^x(C_3\cos 2x + C_4\sin 2x).$$

例 4.15 求方程 $\dfrac{d^4 w}{dx^4} + \beta^4 w = 0,(\beta > 0)$ 的通解.

解 原方程的特征方程为 $r^4 + \beta^4 = 0$,由于

$$r^4 + \beta^4 = r^4 + 2r^2\beta^2 + \beta^4 - 2r^2\beta$$

$$= (r^2 + \beta^2)^2 - 2r^2\beta^2 = (r^2 - \sqrt{2}\beta r + \beta^2)(r^2 + \sqrt{2}\beta r + \beta^2).$$

故特征方程为

$$(r^2 - \sqrt{2}\beta r + \beta^2)(r^2 + \sqrt{2}\beta r + \beta^2) = 0,$$

特征根为

$$r_{1,2} = \frac{\beta}{\sqrt{2}}(1 \pm i), r_{3,4} = -\frac{\beta}{\sqrt{2}}(1 \pm i),$$

因此所给方程的通解为

$$w = e^{\frac{\beta}{\sqrt{2}}x}\left(C_1\cos \frac{\beta}{\sqrt{2}}x + C_2\sin \frac{\beta}{\sqrt{2}}x\right) + e^{-\frac{\beta}{\sqrt{2}}x}\left(C_3\cos \frac{\beta}{\sqrt{2}}x + C_4\sin \frac{\beta}{\sqrt{2}}x\right).$$

(2) 若二阶常系数非齐次线性常微分方程 (4-8) 的非齐次项 $f(x)$ 由若干项之和,即

$$y'' + py' + qy = f_1(x) + f_2(x) + \cdots + f_k(x), \tag{4-9}$$

则根据非齐次线性常微分方程解的性质(参见微积分及其应用教程定理 4.2),可分别求出非齐次项 $f_i(x)(i=1,2,\cdots,k)$ 对应于方程(4-8)的非齐次特解 $y_i^*(x),(i=1,2,\cdots,k)$,然后,把它们叠加起来得方程(4-9)的一个特解

$$y^* = y_1^*(x) + y_2^*(x) + \cdots + y_k^*(x).$$

例 4.16　求方程 $y'' + y = x + \mathrm{e}^x$ 的通解.

解　特征方程为 $r^2 + 1 = 0$,特征根为 $r_1 = \mathrm{i}, r_2 = -\mathrm{i}$,故原方程对应齐次方程的通解为 $Y = C_1 \cos x + C_2 \sin x$.分别观察可得,$y'' + y = x$ 的一个特解为 $y_1^* = x$,$y'' + y = \mathrm{e}^x$ 的一个特解为 $y_2^* = \dfrac{1}{2}\mathrm{e}^x$,所以,原方程的一个特解为

$$y^* = y_1^* + y_2^* = x + \frac{1}{2}\mathrm{e}^x,$$

进一步得到原方程的通解为

$$Y = C_1 \cos x + C_2 \sin x + x + \frac{1}{2}\mathrm{e}^x.$$

(3) 二阶常系数非齐次线性常微分方程(4-8)也可以用常数变易法求解.

例 4.17　求方程 $y'' + 2y' + 3y = \mathrm{e}^{-x}\cos\sqrt{2}\,x$ 的通解.

解法 1　原方程所对应的齐次方程为 $y'' + 2y' + 3y = 0$,$r_{1,2} = -1 \pm \sqrt{2}\mathrm{i}$ 是它的特征方程 $r^2 + 2r + 3 = 0$ 的两个共轭复数根,则原方程所对应的齐次方程的通解为

$$y = C_1 \mathrm{e}^{-x}\cos\sqrt{2}\,x + C_2 \mathrm{e}^{-x}\sin\sqrt{2}\,x,$$

设原方程的通解为

$$y = u_1(x)\mathrm{e}^{-x}\cos\sqrt{2}\,x + u_2(x)\mathrm{e}^{-x}\sin\sqrt{2}\,x,$$

求出 y'、y'' 并代入原方程,比较 $\sin\sqrt{2}\,x$ 与 $\cos\sqrt{2}\,x$ 前边的乘积函数,得

$$\begin{bmatrix} \cos\sqrt{2}\,x & \sin\sqrt{2}\,x \\ -\cos\sqrt{2}\,x - \sqrt{2}\sin\sqrt{2}\,x & -\sin\sqrt{2}\,x + \sqrt{2}\cos\sqrt{2}\,x \end{bmatrix} \begin{bmatrix} u'_1(x) \\ u'_2(x) \end{bmatrix} = \begin{bmatrix} 0 \\ \cos\sqrt{2}\,x \end{bmatrix}.$$

由此,解得

$$u'_1(x) = -\frac{1}{\sqrt{2}}\sin\sqrt{2}\,x \cdot \cos\sqrt{2}\,x, \qquad\qquad u'_2(x) = \frac{1}{2\sqrt{2}} + \frac{1}{2\sqrt{2}}\cos(2\sqrt{2}\,x),$$

$$u_1(x) = C_1 - \frac{1}{4}\sin^2\!\sqrt{2}\,x, \qquad\qquad u_2(x) = C_2 + \frac{1}{2\sqrt{2}}x + \frac{1}{4}\sin\sqrt{2}\,x \cdot \cos\sqrt{2}\,x,$$

因此,原方程的通解为

$$y = (C_1 - \frac{1}{4}\sin^2\!\sqrt{2}\,x)\mathrm{e}^{-x}\cos\sqrt{2}\,x + (C_2 + \frac{1}{2\sqrt{2}}x + \frac{1}{4}\sin\sqrt{2}\,x \cdot \cos\sqrt{2}\,x)\mathrm{e}^{-x}\sin\sqrt{2}\,x$$

$$= C_1 \mathrm{e}^{-x}\cos\sqrt{2}\,x + C_2 \mathrm{e}^{-x}\sin\sqrt{2}\,x + \frac{1}{2\sqrt{2}}x\mathrm{e}^{-x}\sin\sqrt{2}\,x.$$

解法 2 由解法 1 知，$r_{1,2} = -1 \pm \sqrt{2}\,\mathrm{i}$ 是它的特征方程 $r^2 + 2r + 3 = 0$ 的两个共轭复数根，所以原方程所对应的齐次方程的通解为

$$y = C_1 \mathrm{e}^{-x} \cos \sqrt{2}\,x + C_2 \mathrm{e}^{-x} \sin \sqrt{2}\,x.$$

又原方程非齐次项 $f(x) = \mathrm{e}^{\lambda x} \cos \omega x$，且 $\lambda + \omega\mathrm{i} = -1 + \sqrt{2}\,\mathrm{i}$ 是其相应的单特征根，故原方程有形如 $y^* = x\mathrm{e}^{-x}(A\cos \sqrt{2}\,x + B\sin \sqrt{2}\,x)$ 的特解，且

$$y'^* = A\mathrm{e}^{-x}\cos\sqrt{2}\,x + B\mathrm{e}^{-x}\sin\sqrt{2}\,x + (-A+\sqrt{2}B)x\mathrm{e}^{-x}\cos\sqrt{2}\,x + (-\sqrt{2}A-B)x\mathrm{e}^{-x}\sin\sqrt{2}\,x;$$

$$y''^* = (-2A+2\sqrt{2}B)\mathrm{e}^{-x}\cos\sqrt{2}\,x + (-2\sqrt{2}A-2B)\mathrm{e}^{-x}\sin\sqrt{2}\,x + (-A-2\sqrt{2}B)x\mathrm{e}^{-x}\cos\sqrt{2}\,x +$$
$$(2\sqrt{2}A-B)x\mathrm{e}^{-x}\sin\sqrt{2}\,x.$$

代入原方程，得 $A = 0, B = 1/2\sqrt{2}$，即原方程有一个特解为

$$y^* = \frac{1}{2\sqrt{2}}x\mathrm{e}^{-x}\sin\sqrt{2}\,x,$$

故原方程的通解为

$$y = C_1 \mathrm{e}^{-x}\cos\sqrt{2}\,x + C_2 \mathrm{e}^{-x}\sin\sqrt{2}\,x + \frac{1}{2\sqrt{2}}x\mathrm{e}^{-x}\sin\sqrt{2}\,x.$$

（4）由二阶常系数非齐次线性常微分方程的通解逆推原方程的构造.

例 4.18 求以 $y = (C_1 + C_2 x + x^2)\mathrm{e}^{-2x}$（其中 C_1, C_2 为任意常数）为通解的线性常微分方程.

解法 1 求出 y'、y''，得

$$y' = -2y + (C_2 + 2x)\mathrm{e}^{-2x},$$
$$y'' = -2y + 2\mathrm{e}^{-2x} - 2(C_2 + 2x)\mathrm{e}^{-2x},$$

由式 y' 的表达式知 $(C_2 + 2x)\mathrm{e}^{-2x} = y' + 2y$，代入 y'' 的表达式，得

$$y'' = -2y' + 2\mathrm{e}^{-2x} - 2y' - 4y,$$

即所求方程为 $y'' + 4y' + 4y = 2\mathrm{e}^{-2x}$.

解法 2 因为 $y = (C_1 + C_2 x + x^2)\mathrm{e}^{-2x}$，由解的结构知，所求方程为二阶常系数非齐次线性微分方程，对应齐次线性方程有两个特解 e^{-2x} 与 $x\mathrm{e}^{-2x}$，故有二重特征根 $r_1 = r_2 = -2$，于是特征方程为 $(r+2)^2 = 0$，即 $r^2 + 4r + 4 = 0$，其对应齐次线性方程为 $y'' + 4y' + 4y = 0$，令该方程为 $y'' + 4y' + 4y = f(x)$，因为其解，故原方程的非齐次项为

$$f(x) = (x^2 \mathrm{e}^{-2x})'' + 4(x^2 \mathrm{e}^{-2x})' + 4x^2 \mathrm{e}^{-2x} = 2\mathrm{e}^{-2x},$$

从而所求方程为 $y'' + 4y' + 4y = 2\mathrm{e}^{-2x}$.

常规训练4.4

1.选择题

(1) 下列二阶常系数齐次线性常微分方程 $y'' + y = 0$ 的特征方程为(　　).

A. $r^2 + r = 0$ 　　　　　　　　　　B. $r^2 - r = 0$

C. $r^2 - 1 = 0$ 　　　　　　　　　　D. $r^2 + 1 = 0$

(2) 二阶常微分方程 $y'' - 3y' + 2y = 0$ 的通解(　　).

A. $y = C_1 e^x + C_2 e^{2x}$ 　　　　　　　　B. $y = C_1 e^{-x} + C_2 e^{-2x}$

C. $y = C_1 x + C_2 e^{2x}$ 　　　　　　　　D. $y = C_1 x^{-1} + C_2 e^{-2x}$

(3) 二阶非齐次线性常微分方程 $y'' - 2y' + y = x + 1$ 的一个特解为(　　).

A. $y^* = -x + 3$ 　　　　　　　　　B. $y^* = x + 3$

C. $y^* = -x - 3$ 　　　　　　　　　D. $y^* = x - 3$

2.填空题

(1) 常微分方程 $y'' - 3y' - 4y = 0$ 的特征根是_____.

(2) 常微分方程 $y'' - 3y' + 2y = x e^{2x}$,其特解的形式是_____.

(3) 高阶常微分方程 $y''' + 3y'' + 3y' + y = 0$ 的通解为_____.

3.计算题

(1) 求方程 $y'' + y = \sin x + e^x$ 的通解;

(2) 已知 $y_1 = e^{2x}$ 和 $y_2 = e^{-x}$ 是二阶常系数齐次线性常微分方程的两个特解,写出该方程的通解,并求满足初始条件 $y\big|_{x=0} = 1, y'\big|_{x=0} = \dfrac{1}{2}$ 的特解.

4. 解答题

(1) 设函数连续,且满足 $f(x) = e^x + \int_0^x tf(t)\mathrm{d}t - x\int_0^x f(t)\mathrm{d}t$,求 $f(x)$.

(2) 利用变量代换 $y = \dfrac{u}{\cos x}$ 化简方程 $y''\cos x + 2y'\sin x + 3y\cos x = e^x$,并求其通解.

常规训练 4.4 详解

4.5　常微分方程应用举例

　　根据我们对"微积分及其应用教程 4.5"相关知识的学习获知,常微分方程在物理学、经济学、生物学和管理科学等实际问题中具有广泛的应用. 作为补充,我们现就人口增长模型问题进行举例与说明.

　　影响人口增长的因素很多,如人口的自然出生率与死亡率、自然灾害、人口的迁移与战争等诸多因素. 我们先简化模型所要考虑的众多条件,建立比较粗糙的模型,再逐步修改,以得到相对较完善的模型.

　　例 4.19　(马尔萨斯(Malthus) 人口模型) 马尔萨斯(1766—1834)是英国人口统计学家,他在担任牧师期间,查看了教堂 100 多年人口出生统计资料,发现人口出生率是一个常数,于 1789 年在《人口原理》一书中提出了闻名于世的马尔萨斯人口模型. 他的基本假设是:在人口自然增长过程中,净相对增长(出生率与死亡率之差)是常数,即单位时间内人口的增长量与人口成正比,比例系数设为 r,在此假设下,推导并求解人口随时间变化的数学模型.

　　解　设时刻 t 的人口为 N,把当作连续、可微函数处理(因人口总数很大,可近似地这样处理),据马尔萨斯的假设,在 t 到 $t + \Delta t$ 时间段内,人口的增长量为

$$N(t + \Delta t) - N(t) = rN(t)\Delta t,$$

并设 $t = t_0$ 时刻的人口为 N_0,于是我们得到边值问题

$$
\begin{cases}
\dfrac{\mathrm{d}N}{\mathrm{d}t} = rN, \\
N(t_0) = N_0.
\end{cases}
$$

这就是马尔萨斯人口模型,用分离变量法易求出其解为

$$
N(t) = N_0 \mathrm{e}^{r(t-t_0)},
$$

此式表明人口以指数规律随时间无限增长.

模型检验:据估计,1961 年地球上的人口总数为 3.06×10^9,而在以后 7 年中,人口总数以每年 2% 的速度增长,注意到 $t_0 = 1961, N_0 = 3.06 \times 10^9, r = 0.02$,于是得出人口随时间变化的简单模型

$$
N(t) = 3.06 \times 10^9 \mathrm{e}^{0.02(t-1961)}.
$$

这个公式非常准确地反映了在 1700—1961 年间世界人口总数.因为这期间地球上的人口大约每 35 年翻一番,而上式断定 34.6 年增加一倍.

但是,人口的增长不可能是无限制的,故这一模型有待改进.

例 4.20 (逻辑(Logistic)模型)1838 年,荷兰生物数学家韦尔侯斯特(Verhulst)引入常数 N_m,用来表示自然环境条件所能容许的最大人口数(一般说来,一个国家工业化程度越高,它的生活空间就越大,食物就越多,从而 N_m 就越大),并假设将增长率等于 $r\left(1 - \dfrac{N(t)}{N_m}\right)$,即净增长率随着 $N(t)$ 的增加而减小,当 $N(t) \to N_m$ 时,净增长率趋于零.其按此假定建立人口预测模型.

解 由韦尔侯斯特的假定,马尔萨斯模型应改为下面的边值问题

$$
\begin{cases}
\dfrac{\mathrm{d}N}{\mathrm{d}t} = r\left(1 - \dfrac{N}{N_m}\right)N, \\
N(t_0) = N_0,
\end{cases}
$$

上式就是 Logistic 模型.该方程可分离变量,其解为

$$
N(t) = \dfrac{N_m}{1 + \left(\dfrac{N_m}{N_0} - 1\right)\mathrm{e}^{-r(t-t_0)}}.
$$

接下来,我们对模型作一些简要分析:

(1) 当 $t \to \infty$ 时,$N(t) \to N_m$,即无论人口的初值如何,人口总数趋向于极限值 N_m.

(2) 当 $0 < N < N_m$ 时,$\dfrac{\mathrm{d}N}{\mathrm{d}t} = r\left(1 - \dfrac{N}{N_m}\right)N > 0$,这说明 $N(t)$ 是时间 t 的单调递增函数.

(3) 由于 $\dfrac{\mathrm{d}^2 N}{\mathrm{d}t^2} = r^2\left(1 - \dfrac{N}{N_m}\right)\left(1 - \dfrac{2N}{N_m}\right)N$,所以当 $N < \dfrac{N_m}{2}$ 时,$\dfrac{\mathrm{d}^2 N}{\mathrm{d}t^2} > 0$,$\dfrac{\mathrm{d}N}{\mathrm{d}t}$ 单调递增;

当 $N > \dfrac{N_m}{2}$ 时,$\dfrac{\mathrm{d}^2 N}{\mathrm{d}t^2} < 0$,$\dfrac{\mathrm{d}N}{\mathrm{d}t}$ 单调递减,即人口增长率 $\dfrac{\mathrm{d}N}{\mathrm{d}t}$ 由增变减,在 $\dfrac{N_m}{2}$ 处最大,也就是说在人口总数达到极限值一半以前是加速生长期,过这一点后,生长的速率逐渐变小,并且迟早会达到零,这是减速生长期.

（4）用该模型检验美国从 1790 到 1950 年的人口，发现模型计算的结果与实际人口在 1930 年以前都非常符合．自从 1930 年以后，误差愈来愈大，一个明显的原因是在 20 世纪 60 年代美国的实际人口数已经突破了 20 世纪初所设的极限人口．由此可见，该模型的缺点之一是 N_m 不易确定．事实上，随着一个国家经济的腾飞，它所拥有的食物就越丰富，N_m 的值也就越大．

（5）我们用逻辑模型来预测世界未来人口总数，若我们取人口总数为 3.06×10^9，$r = 0.029$，人口每年以 2% 的速率增长，由逻辑模型得

$$\frac{1}{N} \frac{\mathrm{d}N}{\mathrm{d}t} = r\left(1 - \frac{N}{N_m}\right),$$

即
$$0.02 = 0.029\left(1 - \frac{3.06 \times 10^9}{N_m}\right),$$

从而得
$$N_m = 9.86 \times 10^9,$$

即世界人口总数极限值近 100 亿．

注意 例 4.20 说明了：人也是一种生物，任何生物都有成长与衰退的过程．

上面关于人口模型的讨论方法，也适用于在自然环境下，其他单一物种的生长模型，如森林中的树木、池塘中的鱼、封闭环境中细菌的繁殖等，这一模型有着较为广泛的应用．

✎ 常规训练 4.5

1. 曲线 L 上点 $M(x, y)$ 处的法线与 x 轴的交点为 N，且线段 MN 被 y 轴平分（见图 4-2）．求曲线 L 的方程．

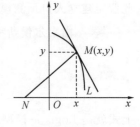

图 4-2

2. 一质量为 m 的质点作直线运动，从速度等于零的时刻起，有一个和时间成正比（比例系数为 k_1）的力作用在它上面，而该质点又受到介质的阻力，这阻力和速度成正比（比例系数为 k_2）．试求该质点的速度与时间的关系．

常规训练 4.5 详解